FORSCHUNGSBERICHTE DES LANDES NORDRHEIN-WESTFALEN

Nr. 1405

Herausgegeben
im Auftrage des Ministerpräsidenten Dr. Franz Meyers
von Staatssekretär Professor Dr. h. c. Dr. E. h. Leo Brandt

DK 621.9.025
621.91.07.001.5

Prof. Dr.-Ing. Dr. h. c. Herwart Opitz
Dr.-Ing. Max Gappisch

Laboratorium für Werkzeugmaschinen und Betriebslehre
der Rhein.-Westf. Techn. Hochschule Aachen

Die Aufbauschneidenbildung bei der spanabhebenden Bearbeitung

WESTDEUTSCHER VERLAG · KÖLN UND OPLADEN 1964

ISBN 978-3-322-98030-4 ISBN 978-3-322-98657-3 (eBook)
DOI 10.1007/978-3-322-98657-3

Verlags-Nr. 011405

Gesamtherstellung: Westdeutscher Verlag

Inhalt

1. Einleitung

1.1 Einführung und Aufgabenstellung

Bei der spanabhebenden Bearbeitung verschiedener metallischer Werkstoffe beobachtet man unter bestimmten Bedingungen an den verwendeten Werkzeugen Verklebungen von Werkstoffteilchen, die sich während des Zerspanungsprozesses gebildet haben. Man spricht bei diesen Verklebungen von »Aufbauschneiden«, was besagen soll, daß sich auf dem Werkzeug neue Schneiden aus dem Werkstoff des Werkstückes aufgebaut haben. Tatsächlich erkennt man bei genauer Beobachtung, daß diese Aufbauschneiden den Trennvorgang in der Spanwurzel einleiten und nicht mehr das ursprünglich eingesetzte Werkzeug. Der Werkstoff kann somit – als Verklebung auf dem Werkzeug – zugleich auch die Funktion der Werkzeugschneide übernehmen. Ermöglicht wird diese Erscheinung durch die Eigenschaft der entsprechenden Materialien, sich bei einer plastischen Verformung zu verfestigen. Der an der Schneide der Werkzeuge haftende Werkstoff wird nämlich durch den Spandruck verformt und gewinnt eine hohe Härte, die ihn befähigt, seinerseits die Funktion eines spanabhebenden Werkzeuges zu übernehmen.

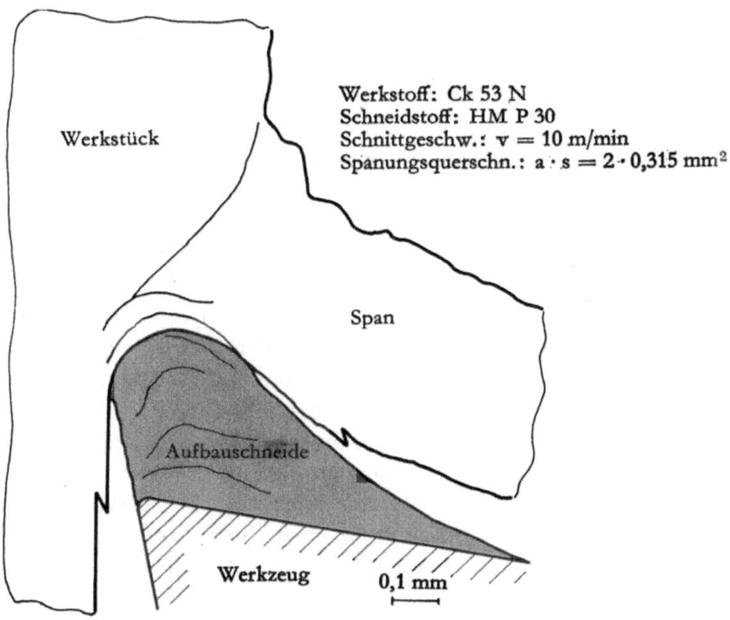

Abb. 1 Charakteristische Form einer Aufbauschneide

Aufbauschneiden bestehen also immer aus dem zu bearbeitenden Werkstoff und sind nicht mit anderen Verklebungen [1] auf dem Werkzeug zu verwechseln, wie sie ebenfalls in letzter Zeit beobachtet wurden.
Die Abb. 1 zeigt die Form einer Aufbauschneide. An der Spitze des Werkzeuges tritt die stärkste Materialanhäufung auf, während sie in Richtung des Spanablaufes mehr und mehr abnimmt. Der Span läuft über diese Aufbauschneide ab und kommt dabei häufig mit dem eigentlichen Werkzeug nicht mehr in Berührung.
Die Aufbauschneiden beeinflussen in starkem Maße den Zerspanungsvorgang. Insbesondere wirken sie sich auf das Ergebnis des Zerspanungsprozesses aus, nämlich auf die Oberfläche des Werkstückes und den Verschleiß am Werkzeug. Auch die zur Spanabnahme erforderlichen Kräfte werden durch die Aufbauschneiden beeinflußt. Es ist deshalb verständlich, wenn man dieser Erscheinung immer schon ein besonderes Interesse entgegenbrachte.

1.2 Stand der Erkenntnisse

Obwohl das Phänomen der Aufbauschneidenbildung seit längerer Zeit bekannt ist, gelang es bisher nicht, die sich dabei an der Spanwurzel abspielenden Vorgänge und deren Ursachen zu klären. Seit Beginn der Zerspanungsforschung sind mehrere Untersuchungen über die Aufbauschneidenbildung veröffentlicht worden.
Erste Angaben über Aufbauschneiden wurden von Ripper und Burley [2] gemacht. Bei ihren Versuchen über die Verschleißeigenschaften von Werkzeug- und Schnellarbeitsstahl beobachteten sie an Drehwerkzeugen das Auftreten von Aufbauschneiden. Während des Zerspanungsvorganges erfolgte ein fortwährendes Abwandern und Neubilden der Aufbauschneiden. Ripper und Burley nehmen an, daß die Aufbauschneide sich aus Abriebpartikeln von der Schnittfläche und der Spanunterseite zusammensetzt, die auf der Schneide unter den hohen Schnitttemperaturen festschweißen. Sie beobachteten weiterhin, daß trotz Aufbauschneidenbildung das Werkzeug verschleißt.
Erste systematische Untersuchungen über die Aufbauschneidenbildung wurden von Rosenhain und Sturney [3] durchgeführt. Es wurde festgestellt, daß die Aufbauschneide nicht durch das Aufschweißen von einzelnen Abriebteilchen, sondern durch Übereinanderlagern von Werkstoffschichten aus dem Span unter hoher Verformung gebildet wird. Rekristallisationsversuche an Aufbauschneiden zeigten, daß zwischen der Aufbauschneide und dem Span keine feste Grenze besteht. Bei bestimmten Spanwinkeln beobachteten Rosenhain und Sturney keine Aufbauschneiden mehr. Die Rückwirkung der Aufbauschneide auf den Werkzeugverschleiß und die Oberflächengüte halten die Forscher für ungünstig. Beste Zerspanungsergebnisse erhält man nach ihrer Ansicht, wenn der Spanwinkel geringfügig größer ist als der kritische Spanwinkel, bei dem die Aufbauschneiden nicht mehr auftreten.
Auch Herbert [4] führt die Entstehung der Aufbauschneide auf das Zusammenschweißen von Schichten aus der Spanunterseite zurück. Der sich bei der Zer-

spanung mit Aufbauschneide einstellende Spanwinkel soll der unter den gegebenen Zerspanungsbedingungen günstigste Winkel sein, da die Aufbauschneide bestimmten Gleichgewichtsbedingungen genügen muß. Bei Härtemessungen an Spanwurzeln stellte HERBERT fest, daß die Härte der Aufbauschneide wesentlich höher liegt als die Härte des verformten Spanes oder des ursprünglichen Werkstoffes.

RAPATZ [5] hat die Oberflächen von Werkstücken im Drehversuch bei verschiedenen Schnittbedingungen untersucht. Dabei stellte er fest, daß im Zusammenhang mit der Aufbauschneidenbildung eine schuppenförmige Oberfläche entsteht. Das Verschwinden der rauhen Oberfläche und damit das Ende der Aufbauschneidenbildung erfolgte bei bestimmten, sogenannten kritischen Schnittgeschwindigkeiten, deren Höhe noch von der Spanungsdicke, dem Spanwinkel, dem Gefüge und der Festigkeit des Werkstückes abhing. Bei einem auf 300°C künstlich erwärmten Werkstück wurde festgestellt, daß die kritische Schnittgeschwindigkeit niedriger lag als bei einem kalten Werkstück unter sonst gleichen Schnittbedingungen. RAPATZ kommt deshalb zu dem Schluß, daß das Verschwinden der rauhen Oberfläche und folglich auch der Aufbauschneide bei ganz bestimmten Temperaturen auftritt. Alle Faktoren, die zu einer Steigerung der Schnittemperatur beitragen, vermindern die kritische Schnittgeschwindigkeit. Einen Einfluß der Verformungsgeschwindigkeit auf das Verschwinden der rauhen Oberfläche hält RAPATZ für unwahrscheinlich.

Auch WALLICHS und OPITZ [6] haben die Bildung von Aufbauschneiden an Automatenstählen untersucht. Dabei konnte festgestellt werden, daß die Aufbauschneiden bereits nach sehr kurzen Schnittzeiten entstehen. Bemerkenswert ist die Feststellung, daß selbst bei Aufbauschneidenbildung noch Verschleiß am Werkzeug beobachtet werden konnte. Ebenso wie RAPATZ [5] stellten auch WALLICHS und OPITZ fest, daß sich die Aufbauschneiden ungünstig auf die Oberflächengüte des Werkstückes auswirken.

Sehr umfangreiche Untersuchungen über den Spanbildungsvorgang und die Entstehung von Aufbauschneiden führte SCHWERD [7] durch. Kinematographische Aufnahmen des Spanbildungsprozesses bei verschiedenen Schnittbedingungen erlaubten es ihm erstmals, die Vorgänge während der Aufbauschneidenbildung in Zeitlupe zu beobachten. Auf Grund dieser Versuche kommt er zu folgendem Ergebnis: An der Schneide des in den Werkstoff eindringenden Werkzeuges lagern sich Werkstoffteilchen ab, in denen die einzelnen Kristallkörner zu ganz dünnen Schichten verformt sind und flach auf dem vorderen Teil des Werkzeuges aufliegen. Mit zunehmender Höhe der Aufbauschneide werden diese Schichten immer mehr nach oben gekrümmt. Der vordere, keilartig in das Werkstück eindringende Teil ist von nahezu halbkreisförmigem Querschnitt. Er verformt die unmittelbar entgegenstehende Zone am Werkstück zu dünnen Schichten.

Während der Spanabnahme tritt ein fortgesetztes Aufkleben neuer Schichten auf die Aufbauschneide ein. Dem folgt in Abständen von Zehntelsekunden ein Abschieben von verhältnismäßig starken, aus einer Anzahl solcher Schichten bestehenden Schuppen. Diese schuppenförmigen Teile der Aufbauschneide wandern über die Schnittfläche am Werkstück und die Spanunterseite ab. Die Abb. 2

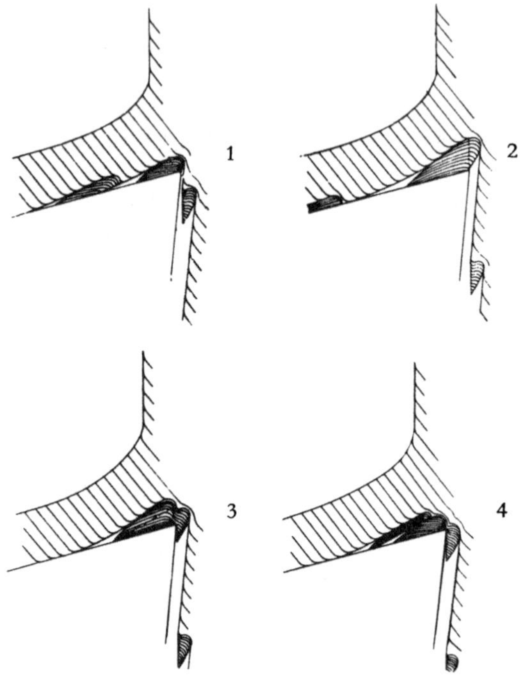

Abb. 2 Abwandern von schuppenförmigen Teilen der Aufbauschneide (schematisch) nach SCHWERD [7]

zeigt schematisch diesen Vorgang. Ein vollständiges Abwandern der gesamten Aufbauschneide erfolgt meist erst bei höheren Schnittgeschwindigkeiten. Nach SCHWERD ist das Auftreten der Aufbauschneide auf bestimmte Schnittbedingungen beschränkt. Oberhalb einer kritischen Schnittgeschwindigkeit kommt es nicht mehr zur Bildung von Aufbauschneiden. Für einen Stahl von 40 kp/mm^2 Festigkeit und bei einem Spanungsquerschnitt von $2{,}5 \cdot 0{,}33\ mm^2$ tritt dies bei etwa 70 m/min Schnittgeschwindigkeit auf.

ERNST und MARTELOTTI [8] kommen auf Grund ihrer Untersuchungen zu der Ansicht, daß die Aufbauschneide dann entsteht, wenn das Fließen des Werkstoffes bei der Spanbildung in den unteren Spanschichten durch die Reibungskraft verhindert wird. Die Form der Aufbauschneide wird hierbei im wesentlichen durch die Spannungsverteilung an der Spanentstehungsstelle bestimmt. Durch Verkleinerung der Spanungsdicke, größeren Spanwinkel, schärfere und glatte Werkzeugschneide, Schmiermittel und höhere Schnittgeschwindigkeiten verringert sich die Größe der Aufbauschneide. Nach Ansicht von ERNST und MARTELOTTI müßte bei allen Schnittgeschwindigkeiten eine Aufbauschneide auftreten. Dies konnte allerdings nicht experimentell bestätigt werden. Bei schwerer Schrupparbeit wirkt die Aufbauschneide als Schutz der Schneide. Andererseits verursacht eine große Aufbauschneide ein häufiges Abgleiten von Teilchen über die Schneide, so daß ein beträchtlicher Verschleiß an der Freifläche auftreten kann.

PRIANISHNIKOFF [9] nimmt ebenfalls an, daß die Aufbauschneiden durch Verfestigung der unteren Spanschichten bei der Reibung am Werkzeug entstehen. Infolge der Verformung bildet sich nach PRIANISHNIKOFF eine amorphe Schicht des zerspanten Werkstoffes an den betätigten Gleitebenen. Für eine kurze Zeit wirken diese Schichten noch als Schmiermittel und erleichtern die Verformung. Bald ist aber die Verformungsfähigkeit dieser Schichten erschöpft, und es sammelt sich an der Spanunterseite hochverformter und verfestigter Werkstoff, nämlich die Aufbauschneide. Innerhalb des amorphen Werkstoffes, der seine kristalline Struktur verloren hat, tritt keine weitere Verformung mehr auf. Das harte Material wirkt dann als Schneide und dringt weiter in das Werkstück ein. PRIANISHNIKOFF nimmt an, daß sich bei allen Schnittgeschwindigkeiten eine Aufbauschneide bildet. Allerdings beeinflussen die Schnittbedingungen, wie Schnittgeschwindigkeit, Vorschub, Schnittiefe und Werkzeugwinkel, die Größe der Aufbauschneiden. PRIANISHNIKOFF kommt ferner zu dem Schluß, daß die Aufbauschneide das Werkzeug zwar weitgehend vor Verschleiß schützt, daß sie aber zu schlechten Oberflächen führt.

LEE und SHAFFER [10] vertreten auf Grund ihrer plastizitätsmechanischen Behandlung des Problems den Standpunkt, daß bei bestimmten Wertepaaren von Spanwinkel γ und Reibwinkel ρ_s auf der Spanfläche entsprechend der Gleichung $\sin\left(\frac{\pi}{4} - \rho s + \gamma\right) \leqq O$ die Spanbildung nach der in Abb. 3 angegebenen Art und Weise erfolgen muß. Das Netz aus teils gekrümmten, teils geraden, aufeinander senkrecht stehenden Linien stellt das Spannungsfeld der Hauptschubspannungen dar, das den Bedingungen für das plastische Fließen entspricht. Die Verformung des Werkstoffes erfolgt hierbei in zwei Zonen, von denen die an den Span grenzende ein Gebiet konstanten Spannungszustandes darstellt. Das Gebiet um die

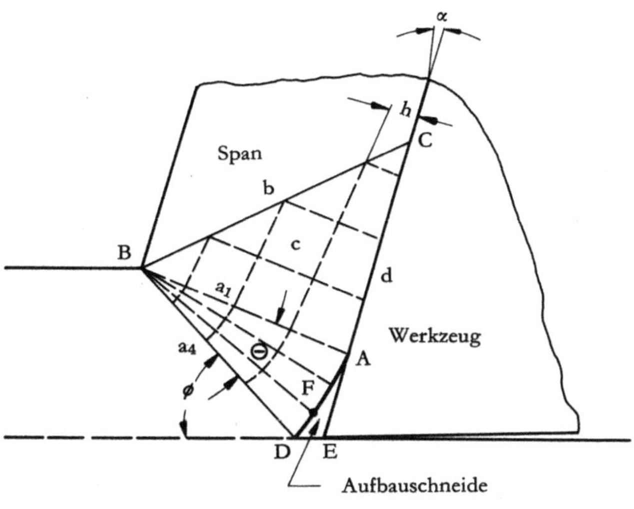

Abb. 3 Schubspannungslinien an der Spanentstehungsstelle
Nach LEE und SHAFFER [10]

Schneide hat die Form einer Aufbauschneide und soll sich unter den Einwirkungen von Schubspannungen an der Freifläche in einem Gleichgewichtszustand befinden. An dieser Stelle sammeln sich die Abriebteilchen von Spanunterseite und Schnittfläche. Entsprechend den obigen Bedingungen müßte die Aufbauschneide also immer in Erscheinung treten, wenn kleine oder negative Spanwinkel und hohe Reibungswerte auftreten. Der Winkel Θ hängt von den Reibungswinkeln ρ_S und ρ_F auf Span- und Freifläche und vom Spanwinkel γ ab. Für den Fall $\Theta = 0$ soll keine Aufbauschneide mehr auftreten. Dieser Fall tritt ein, wenn $\rho_S \leqq \gamma$ oder $\rho_F \geqq \frac{\pi}{2} - \rho_S + \gamma$ oder wenn $\gamma \geqq 45°$ ist.

Um diese theoretischen Untersuchungen auch experimentell zu bestätigen, führte Heginbotham [11] Versuche mit verschiedenen Spanwinkeln durch. Dabei kam er zu keiner Übereinstimmung zwischen den Vorhersagen von Lee und Shaffer und seinen Versuchsergebnissen. Er stellte zum Beispiel fest, daß Aufbauschneiden bis zu Spanwinkeln von 60° auftreten können.

Loladse [12] untersuchte die Aufbauschneidenbildung an Hand metallographischer Schliffe der Spanentstehungsstelle. Nach seiner Ansicht stellt die Aufbauschneide eine Stauzone aus stark verformten Spanteilen dar, die die vorliegenden Schichten des zu bearbeitenden Werkstückes verformen können. Die Form der Aufbauschneide ergibt sich durch die Resultierende der Kräfte auf Span- und Freifläche. Das Vorhandensein oder das Fehlen einer Aufbauschneide bei der Bearbeitung von Stahl soll nur von der Schnittemperatur, die während der Aufbauschneidenbildung etwa dem Temperaturbereich der sogenannten Blaubruchsprödigkeit entspricht, abhängig sein. Auch Loladse konnte beobachten, daß Teile der Aufbauschneide während des Zerspanungsvorganges periodisch abwandern und daß fortwährend neue Schichten des Wertstückmaterials mit der Aufbauschneide verschweißen. Für die Neubildung einer Aufbauschneide wird ein Schnittweg von 0,5 bis 1 mm benötigt. Loladse schreibt im Hinblick auf den Werkzeugverschleiß der Aufbauschneide allgemein eine schützende Wirkung zu. Durch die Bildung einer Aufbauschneide ließe sich, wie er ausführt, der Werkzeugverschleiß erniedrigen.

Nakayama und Igushi [13] untersuchten den Einfluß der Schnittemperaturen auf die Aufbauschneidenbildung. Mit Hilfe von Schnittkraftmessungen und Beobachtungen der Spanunterseite, deren mehr oder weniger schuppige Ausbildung auf eine Spanabnahme mit Aufbauschneiden schließen ließ, wurde ermittelt, daß die Aufbauschneiden bei bestimmten Temperaturen verschwinden. Die Temperatur, von der ab sich keine Aufbauschneiden mehr bilden, liegt zwischen 640° C bei einem positiven Spanwinkel von 20° und 480° C bei einem negativen Spanwinkel von — 10°. Die Schnittemperaturen wurden mit Hilfe des sich während der spanabhebenden Bearbeitung bildenden Thermoelementes Stahl–Hartmetall gemessen. Nakayama und Igushi unterscheiden zwischen zwei Bereichen der Aufbauschneidenbildung, nämlich einem stabilen Bereich, in dem Teile der Aufbauschneiden nur unregelmäßig abwandern und die Aufbauschneide selbst lange auf dem Werkzeug festsitzt, und einem instabilen Bereich, in dem die Aufbauschneide periodisch vollständig abgetragen wird. Während ersterer Bereich bei niedrigen Temperaturen beobachtet wurde, trat der letztere zwischen den oben angegebenen Grenztemperaturen und Temperaturen bis etwa 100° C darunter auf. Die Ursachen für das Zurückgehen der Aufbauschneidenbildung sehen die Verfasser im Erreichen einer Rekristallisationstemperatur des Stahles, bei der das auf der Werkzeugschneide angehäufte Material seine aus der Verfestigung gewonnene Härte verliert und einen Span nicht mehr abtrennen kann.

Die Schnittkraftmessungen von Nakayama und Igushi zeigten, daß mit größer werdender Aufbauschneide die spezifischen Schnittkräfte abnehmen. Dieser Vorgang wird auf den gleichzeitig ansteigenden Spanwinkel zurückgeführt. Kurz vor Erreichen der Grenztemperatur steigen jedoch die Schnittkräfte wieder bis auf einen Maximalwert an, von dem ab keine Aufbauschneiden mehr auftreten.

Okoshi und Sata [14] ermittelten diejenigen Schnittbedingungen, bei denen zum erstenmal keine Aufbauschneiden mehr auftreten. Mit zunehmendem Vorschub beispielsweise verminderte sich die sogenannte Grenzschnittgeschwindigkeit, bei der die Aufbauschneiden nicht mehr beobachtet werden. Bei Schnittiefen unter 1 mm steigt die Grenzschnittgeschwindigkeit proportional mit der Schnittiefe. Über 2 mm Schnittiefe besteht dagegen kein Zusammenhang mehr zwischen der Grenzschnittgeschwindigkeit und der Schnittiefe. Auch von den verwendeten Schneidstoffen (Schnellarbeitsstahl, Hartmetall, Keramik) scheint nach den vorliegenden Untersuchungsergebnissen die Grenzschnittgeschwindigkeit nicht beeinflußt zu werden. Demgegenüber steigt die Grenzschnittgeschwindigkeit mit Vergrößerung des Spanwinkels, wie auch von Loladse beobachtet wurde. Ebenso wie Nakayma und Igushi kommen Okoshi und Sata zu dem Schluß, daß die Aufbauschneiden bei bestimmten Temperaturen an der Werkzeugschneide verschwinden.

Hoshi [15] führte sorgfältige Untersuchungen über die Aufbauschneidenbildung durch. Die Entstehung der Aufbauschneide soll danach von den Schnittbedingungen, dem Werkstoff und dem Werkzeug abhängig sein. In bestimmten Schnittgeschwindigkeitsbereichen wandern Teile der Aufbauschneide periodisch in Form von Schuppen über Schnittfläche und Spanunterseite ab. Bei höheren Schnittgeschwindigkeiten erfolgt in kurzen Zeitabständen ein vollständiges Abwandern der Aufbauschneide. Wird die Schnittgeschwindigkeit noch weiter gesteigert, so treten ab einer bestimmten Grenze keine Aufbauschneiden mehr auf. Die Schnitttemperaturen, bei denen sich keine Aufbauschneiden mehr bilden, liegen nach Hoshi bei 650° C. Das Verschwinden der Aufbauschneide stellt eine Temperaturgrenze dar, die bei verschiedenen Schnittbedingungen unter Variation von Schnittgeschwindigkeit, Vorschub, Schnittiefe und Spanwinkel erreicht werden kann. Die Aufbauschneidenbildung hat ein Anwachsen des effektiven Spanwinkels, eine Vergrößerung der eingestellten Spanungsdicke und eine starke Verformung der Werkstückoberfläche zur Folge. Die äußeren Konturen der Aufbauschneide sind nach Hoshi parabelförmig. Für die geometrische Form der Rückseite und der Schnittseite der Aufbauschneide konnten entsprechende Gleichungen abgeleitet werden.

Bastien und Weisz [16] nehmen auf Grund ihrer Untersuchungen an, daß die Aufbauschneiden durch eine Verminderung der Festigkeit an gewissen Stellen innerhalb des Spanes entstehen. Die Festigkeit von Stahl steigt nämlich im Gebiet der sogenannten Blaubruchsprödigkeit mit zunehmender Temperatur wieder an. Die Stelle der geringsten Festigkeit im Span, an der ein Fließen stattfindet, stimmt deshalb nicht mit dem Ort der höchsten Temperatur überein. Das Fließen kann demnach innerhalb des Spanes stattfinden, da die Temperatur von der Spanunterseite zum Spaninneren hin abfällt, die Festigkeit jedoch in dieser Richtung nicht gleichmäßig zunimmt, sondern bei bestimmten Temperaturen Tiefstwerte aufweist. Auf der Werkzeugoberfläche bleiben dann Spanreste haften und bilden die Aufbauschneide. Bastien und Weisz ermittelten, daß die Aufbauschneiden dann auftreten, wenn die Schnittemperatur im Bereich der Blaubruchsprödigkeit liegt.

Zu gleichen Ergebnissen kommt Shaw [17] bei seiner Deutung des Phänomens der Aufbauschneidenbildung. Shaw und Mitarbeiter nehmen an, daß die Aufbauschneidenbildung auf Grund einer ungleichmäßigen Temperaturverteilung in der Spanwurzel entsteht (Abb. 4).

Die mit der Temperatur im Bereich der sogenannten Blaubruchsprödigkeit des Stahles ansteigende Festigkeit führt dazu, daß an der Spanunterseite Schichten (D) bestehen, die höhere Festigkeiten aufweisen als Schichten in der Mitte des Spanes (C) (Abb. 4b). An Stellen geringer Festigkeit im Stahlspan kann daher eine Trennung des Materials in Richtung der größten Schubspannungen stattfinden, wobei Spanteile am Werkzeug haften bleiben, während der Rest des Spanes über diese haftengebliebenen Spanteile abläuft. Mit Änderung der Schnitttemperatur und der Temperaturverteilung im Span auf Grund höherer Schnittgeschwindigkeiten oder Vorschübe ändern sich die Abmessungen der Aufbau-

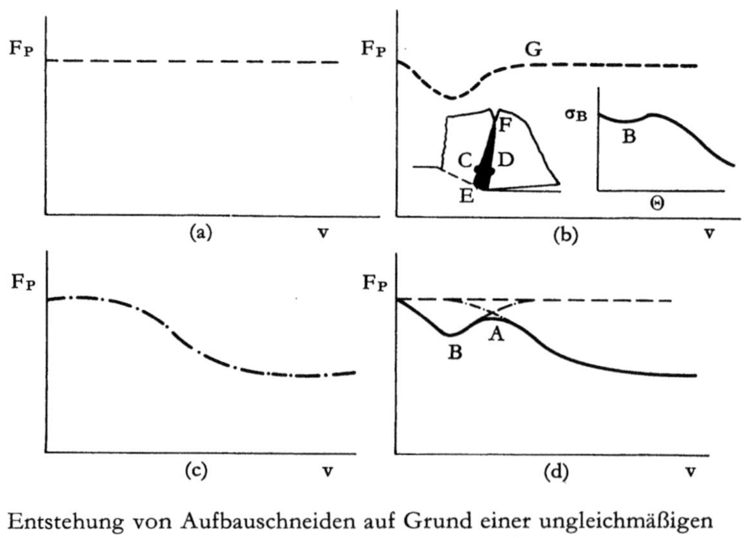

Abb. 4 Entstehung von Aufbauschneiden auf Grund einer ungleichmäßigen Temperaturverteilung an der Spanentstehungsstelle
Nach Shaw [17]

schneiden. Liegt die Schnittemperatur an der Spanunterseite schließlich über der Temperatur der Blaubruchsprödigkeit (G), so treten keine Aufbauschneiden mehr auf.

Eugène [18] hält die Aufbauschneide für eine Zone aufgestauten Spanmaterials. Seine Annahme stützt er im wesentlichen auf Analogieversuche, bei denen ein Wasserstrom an einer Kante abgelenkt wurde. Hierbei konnten ähnliche Erscheinungen wie bei der Aufbauschneidenbildung beobachtet werden. Mit zunehmender Geschwindigkeit oder mit zunehmendem Spanwinkel verschwanden die Stauzonen an den Kanten. Die Verhältnisse bei der Metallzerspanung sollen mit diesen Ergebnissen übereinstimmen. Hier dürften demnach bei Spanwinkeln über 45° keine Aufbauschneiden mehr zu beobachten sein. Eugène kommt zu dem Schluß, daß die Aufbauschneide das Werkzeug vor Verschleiß, insbesondere vor Freiflächenverschleiß schützt. Nur auf der Spanfläche bildet sich hinter der Aufbauschneide eine Auskolkung durch den ablaufenden Span. Außerdem stellt Eugène fest, daß von einer bestimmten Schnittemperatur an die Aufbauschneide an einzelnen Stellen fest mit dem Werkzeug verschweißt, während unterhalb dieser Temperatur nur eine lose Verbindung zwischen Aufbauschneide und Werkzeug besteht. Diese Temperatur, von der an ein Verschweißen erfolgt, liegt nach seinen Untersuchungen etwa um 500° C.

Von Vieregge [19] wurden Beobachtungen über den Werkzeugverschleiß bei verschiedenen Schnittgeschwindigkeiten auch im Zusammenhang mit Verklebungen auf Hartmetallwerkzeugen gemacht. Im Bereich niedriger Schnittgeschwindigkeiten stieg der Werkzeugverschleiß stark an. Diese auffällige Erscheinung führte Vieregge auf Verklebungen bzw. Aufbauschneiden zurück.

Sorin [20] hat die Aufbauschneidenbildung in der Weise untersucht, daß er als Werkzeug unmittelbar das Werkstückmaterial verwendete. In einigen Fällen und unter gewissen Schnittbedingungen war eine spanabhebende Bearbeitung eines Werkstoffes mit einem aus dem gleichen Werkstoff bestehenden Werkzeug auf Grund der sich bildenden Aufbauschneiden bis zu beliebigen Schnittzeiten möglich. Die Aufbauschneiden sollen nach Sorin durch eine Anhäufung von Werkstoffpartikeln an der Schneide unter Einwirkung von Druck und örtlichen Schmelzerscheinungen entstehen. Die eigentlichen Ursachen für die Aufbauschneidenbildung erblickt Sorin in den besonderen physikalisch-chemischen Eigenschaften des Werkstoffes, die sich unter der Einwirkung von Druck, Verformung und Temperatur an der Schnittstelle einstellen. Interessant war bei den Versuchen, daß auch bei Verwendung anderen Werkzeugmaterials an Stelle des Werkstückstoffes, wie z. B. Glas, Aufbauschneiden entstanden.

Faßt man die Ergebnisse der bisherigen Untersuchungen über die Aufbauschneiden zusammen, so kommt man zu folgenden Erkenntnissen:

Die Aufbauschneide formt sich bei bestimmten Schnittemperaturen aus Span- und Werkstückteilchen auf der Schneide des Werkzeuges. Die Zusammensetzung des Werkzeuges ist für die Bildung der Aufbauschneide ohne Bedeutung. Vielleicht handelt es sich bei der Bildung der Aufbauschneide um Verschweißungen zwischen Materialteilchen und dem Werkzeug. Eine besondere Bedeutung kommt bei der Entstehung der Aufbauschneiden den Schnittemperaturen zu. Die genauen

Temperaturen, bei denen die Aufbauschneiden auftreten, sind allerdings noch nicht bekannt. Während einige Forscher annehmen, daß sich Aufbauschneiden bei allen Temperaturen unterhalb einer kritischen Erweichungstemperatur bilden, sind andere der Ansicht, daß die Aufbauschneiden im Temperaturbereich der Blaubruchsprödigkeit, der Rekristallisation, der Verschweißung zwischen Span und Werkzeug oder im Temperaturbereich mit besonderen physikalisch-chemischen Eigenschaften des Werkstoffes auftreten. Aber auch auf den Einfluß der Reibung und eines Staus von Spanmaterial auf die Entstehung der Aufbauschneiden wird hingewiesen. Zusammenfassend kann man sagen, daß über diese Erscheinung noch keine allgemein akzeptierten Ansichten bestehen. Ungeklärt sind auch noch die Zusammenhänge zwischen dem Werkzeugverschleiß und der Aufbauschneidenbildung. Nur darin scheint man weitgehend übereinzustimmen, daß die Aufbauschneiden sich sehr ungünstig auf die Qualität der Werkstückoberfläche auswirken.

2. Aufbauschneidenbildung an Hartmetall-Drehwerkzeugen

2.1 Die Aufbauschneide

Im folgenden werden Versuche beschrieben, die zum Ziel hatten, den Einfluß der Aufbauschneidenbildung auf die Zerspanbarkeit zu ermitteln. Da die Zusammenhänge zwischen Oberflächengüte und Aufbauschneidenbildung schon weitgehend erforscht sind [23], wurde den Beziehungen zwischen der Aufbauschneidenbildung und den anderen Kriterien für die Zerspanbarkeit, nämlich dem Werkzeugverschleiß und den Schnittkräften stärkere Beachtung geschenkt.
Ferner wurden die Grenzen der Aufbauschneidenbildung festgestellt, so daß Angaben gemacht werden konnten, mit welchen Schnittbedingungen gearbeitet werden muß, um Aufbauschneidenbildung zu vermeiden. Darüber hinaus wird über die Ursachen für das Auftreten und Verschwinden der Aufbauschneiden bei bestimmten Schnittbedingungen berichtet. Die Versuche wurden hauptsächlich beim Bearbeiten von Stahl mit Hartmetallwerkzeugen durchgeführt.
Um die Aufbauschneidenbildung genauer untersuchen zu können, mußte zunächst ein geeignetes Verfahren entwickelt werden, das es erlaubt, die mit der Verschleißmarke des Werkzeuges in Kontakt stehende Schnittfläche und die Spanentstehungsstelle selbst in geeigneter Weise einer Untersuchung zugänglich zu machen. Während des Zerspanungsvorganges können Untersuchungen am ablaufenden Span und der Schnittstelle nur bedingt vorgenommen werden. Einer-

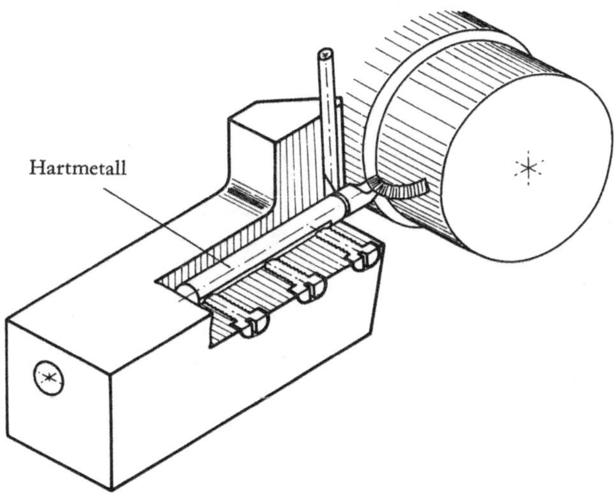

Abb. 5 Vorrichtung zur Schnittunterbrechung

seits sind solche Versuche mit hohen Aufwendungen verbunden, andererseits lassen sich dabei nur die äußeren Konturen der Spanbildung beobachten.
Bei einfachem Stillsetzen der Maschine durch Ausschalten des Vorschubes nimmt die eingestellte Spanungsdicke h_1 über eine Umdrehung des Werkstückes kontinuierlich auf Null ab. Die dabei entstehende Schnittfläche entspricht damit nicht mehr derjenigen Schnittfläche, die während der Bearbeitung vorhanden war – ganz abgesehen davon, daß in diesem Falle die Spanentstehungsstelle selbst verschwindet. Untersuchungen an solchen Schnittflächen lassen deshalb keine Rückschlüsse auf die während der Bearbeitung auftretenden Wechselwirkungen zwischen Hartmetall und Stahl zu.
Um diesen Schwierigkeiten zu begegnen, wurde eine Vorrichtung gebaut, mit deren Hilfe es gelang, den Zerspanungsvorgang so schnell zu unterbrechen, daß das Gebiet der Spanentstehung, die sogenannte Spanwurzel, erhalten blieb. Hierbei bestand, wie Abb. 5 wiedergibt, das eigentliche Schneidwerkzeug aus einem Hartmetallstift, an dem zur Spanabnahme eine kleine Schneide angeschliffen war; unmittelbar hinter der Schneide befand sich eine scharfe Kerbe. Der Hartmetallstift war in einem Halter befestigt, an dem ein senkrechter Bolzen angebracht war, der lose auf dem Werkzeugstift auflag. Durch einen Schlag auf diesen Bolzen konnte die kleine Werkzeugschneide zu einem beliebigen Zeitpunkt während des Schnittvorganges an der Kerbe plötzlich abgebrochen werden. Da Hartmetall sehr spröde ist, tritt bei diesem Schneidstoff ein verformungsloser Bruch mit hoher Fortpflanzungsgeschwindigkeit (6500 m/sec) auf. Der Schnitt des Werkzeuges im Stahl wird damit augenblicklich unterbrochen. Außerdem wird die kleine, abgebrochene Schneide noch durch den Schlag entgegen der ursprünglichen Schnittgeschwindigkeitsrichtung beschleunigt, so daß bei der Schnittunterbrechung keine Rückwirkungen auf die Spanwurzel entstehen. Die Spanentstehungsstelle bleibt vielmehr unbeschädigt erhalten, so daß der Gefügezustand in der Zone der Spanbildung einwandfrei beobachtet werden kann. Auch die Schnittfläche am

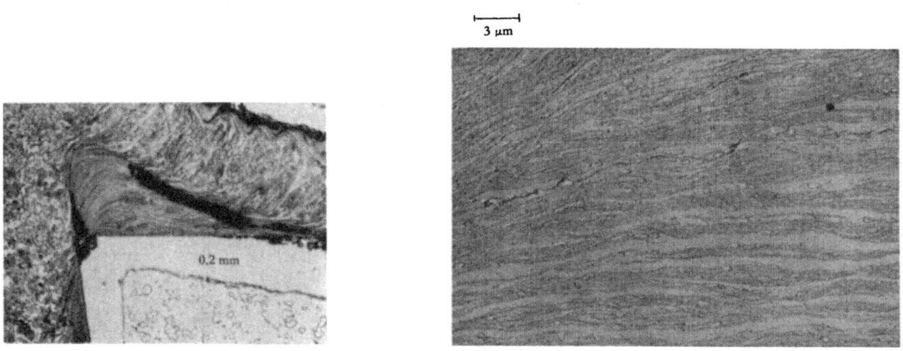

Abb. 6 Elektronenmikroskopisches Bild des Gefüges einer Aufbauschneide
Werkstoff: Ck 53 N
Schneidstoff: HM P 30
Schnittgeschwindigkeit: $v = 15$ m/min
Spanungsquerschnitt: $a \cdot s = 2 \cdot 0{,}315$ mm^2

Werkstück wird in diesem Fall nicht mehr durch den Auslauf des Werkzeuges verändert, damit ist auch hier eine einwandfreie Beobachtung möglich.

Wie aus der Literatur bekannt ist, beobachtet man das Auftreten von Aufbauschneiden bei der Zerspanung von Stahl mit Hartmetall nur bei bestimmten Schnittbedingungen. Oberhalb oder unterhalb gewisser Schnittwerte treten keine Aufbauschneiden in Erscheinung.

Das erste Bild zeigt bereits als Beispiel die charakteristische Form einer Aufbauschneide. Aus dem Schliffbild (Abb. 6) ist zu ersehen, daß diese aus stark verformtem Werkstoff besteht, der sich schichtweise aufgebaut hat. Direkt an der Spanfläche verlaufen diese Schichten parallel zur Werkzeugfläche, während sie in Richtung der Aufbauschneide immer stärker gekrümmt sind. Meist erkennt man deutlich, daß sich diese Aufbauschneiden aus größeren Paketen oder Teilchen aufbauen, die jeweils besonders in der Nähe der Spitze fest miteinander verschweißt sind.

Bei dem Werkstoff, der die Aufbauschneide bildet, handelt es sich um den Werkstoff des Werkstückes, im vorliegenden Falle Stahl. Allerdings wird der Stahl bei der Entstehung der Aufbauschneide sehr stark verformt, so daß das ursprüngliche Stahlgefüge mit dem Lichtmikroskop nicht mehr zu erkennen ist. Bei der Schliffvorbereitung zeigt das Material der Aufbauschneide metallischen Glanz, wie das Werkstück. Durch alle Stahlätzmittel läßt sich eine Ätzung der Aufbauschneide erreichen. Aber selbst im elektronenmikroskopischen Bild kann man eine deutbare Struktur innerhalb der Aufbauschneide nicht erkennen, wie Abb. 6 wiedergibt. Wird die Aufbauschneide bei Temperaturen oberhalb der Rekristallisationstemperatur geglüht, so erhält die Aufbauschneide wieder das eigentliche ferritisch-perlitische Stahlgefüge (Abb. 7). Aus dem Schliffbild ist nach der Glühbehandlung kein Unterschied mehr zwischen Werkstück und Aufbauschneide festzustellen. Trotzdem erkennt man auch nach dem Rekristallisationsglühen noch sehr deutlich die ursprüngliche Form der Aufbauschneide. Charakteristisch für alle Aufbauschneiden ist nämlich, daß ein direkter Kontakt mit Werkstück und Span nur an der Spitze der Aufbauschneide besteht, während auf der Spanfläche und der Freifläche anscheinend durch die elastische Rückfederung bei der Entlastung vom Schnittdruck ein freier Zwischenraum entstanden ist. Wie Abb. 7 zeigt, ist an der Spitze der Aufbauschneide der Kontakt so fest gewesen, daß eine Grenze zwischen dem aufgeschweißten Material und dem Werkstück nicht mehr zu sehen ist.

Bei der Zerspanung wächst die Aufbauschneide nur bis zu einer bestimmten Größe. Lagern sich dann noch weitere Werkstoffteilchen an, so wird die Aufbauschneide plötzlich instabil, und einzelne Teile werden durch den Span und das Werkstück wieder abgetragen. Es erfolgt so ein fortlaufendes Abwandern von Teilen der Aufbauschneide, die an der Spanunterseite und der Schnittfläche in regelmäßigen Abständen deutlich sichtbar sind. Sie haben Schuppenform und teilweise tropfenförmigen Querschnitt. Die folgende Abb. 8 zeigt Aufnahmen von Querschnitten dieser Schuppen. Das Gefüge entspricht dem der Aufbauschneide. Teilweise erkennt man innerhalb der Schuppen noch die stark verformte ehemalige ferritisch-perlitische Stahlstruktur.

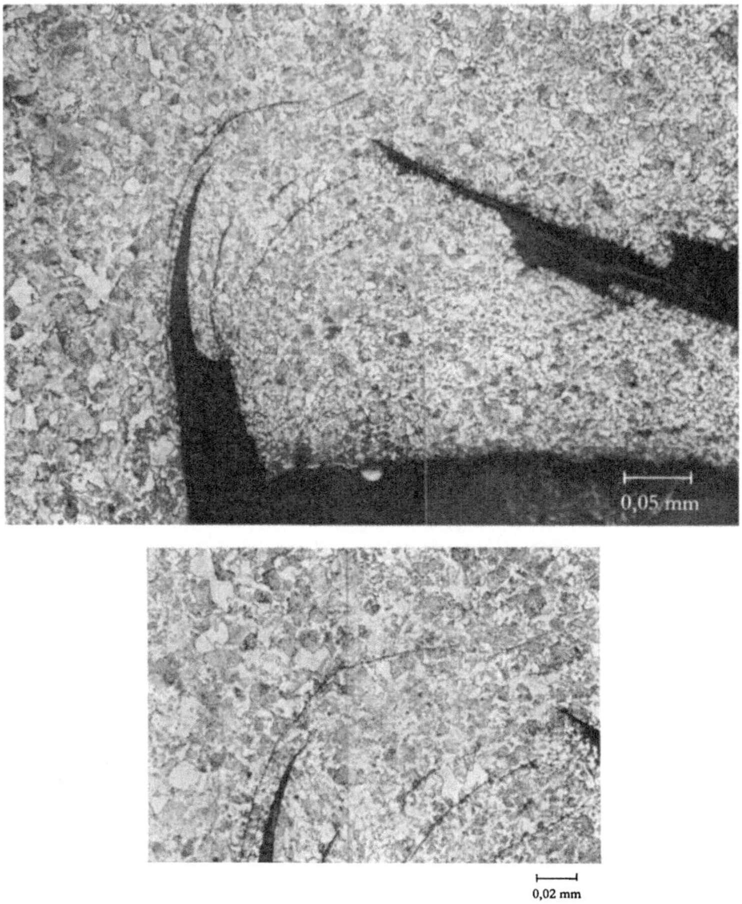

Abb. 7 Aufbauschneide nach Glühung oberhalb der Rekristallisationstemperatur (800° C)
Werkstoff: Ck 53

Da die Aufbauschneide den eigentlichen Zerspanungsprozeß durchführt, in den Werkstoff eindringt und den Span abhebt, muß sie eine hohe Härte besitzen. In Abb. 9 sind die Härtewerte in verschiedenen Stellen einer Aufbauschneide und an der Spanentstehungsstelle wiedergegeben. Die Härte dieser Aufbauschneide liegt bei Werten, wie sie durch eine Härtung des Stahles nach dem Abschrecken aus dem Austenitbereich erzielt werden können. Die Ursachen für diese hohe Härte sind in der äußerst starken Verformung des Stahles innerhalb der Aufbauschneide zu suchen. Die Abb. 10 gibt die Härteverteilung im Bereich der Spanbildungszone wieder. Diese Werte stellen Durchschnittswerte dar, die aus einer großen Anzahl von Messungen an mehreren Aufbauschneiden gewonnen wurden. Danach tritt die größte Härte meist im Kern der Aufbauschneide auf. Die kleinste Härte weist die Aufbauschneide im Übergangsbereich zum Span auf.

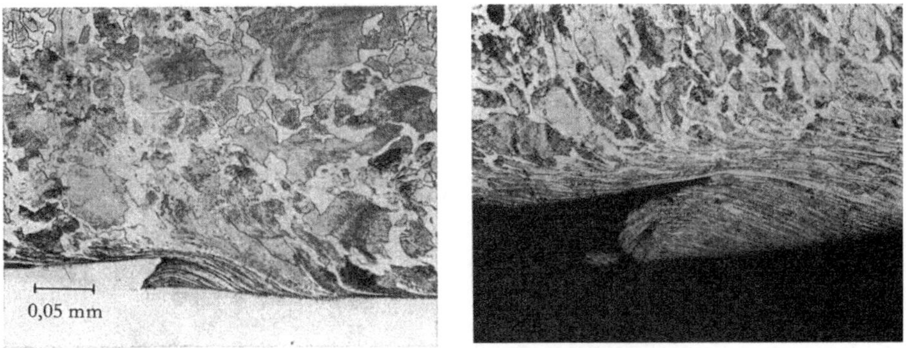

Abb. 8 Schuppen an der Spanunterseite und an der Schnittfläche
Werkstoff: Ck 53 N
Schneidstoff: HM P 30
Schnittgeschwindigkeit: v = 5 m/min
Spanungsquerschnitt: a · s = 2 · 0,315 mm²

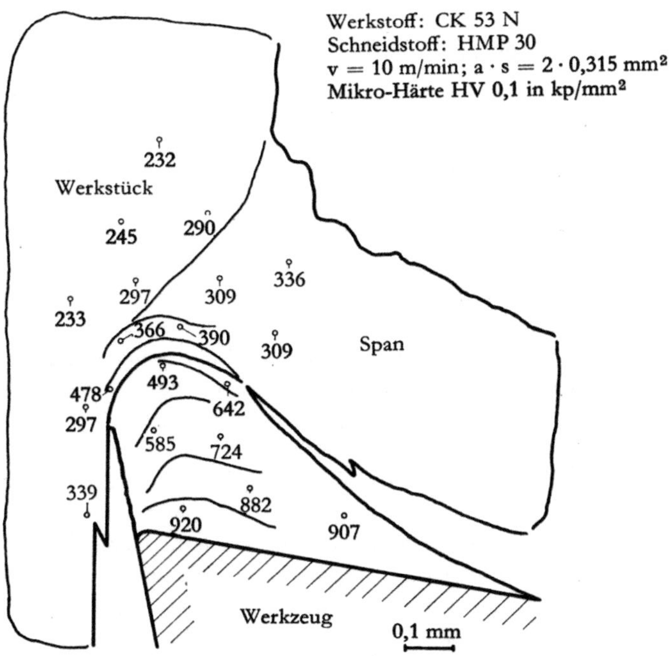

Abb. 9 Härte in der Aufbauschneide und an der Spanentstehungsstelle

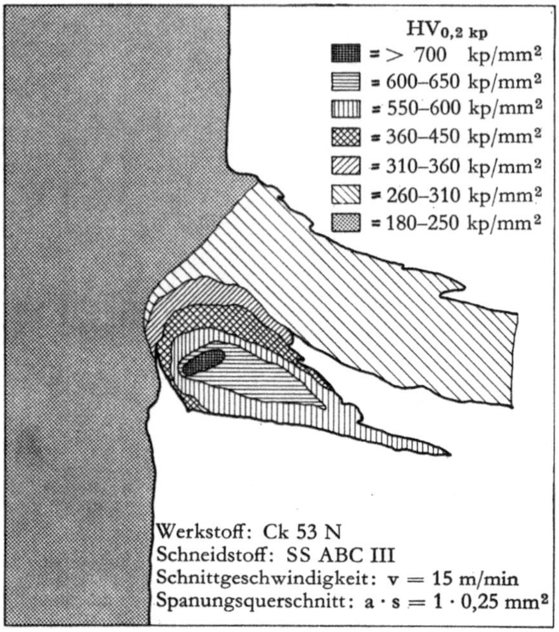

Abb. 10 Härteverteilung im Bereich der Spanentstehungsstelle

2.2 Rückwirkungen der Aufbauschneiden auf die Zerspanbarkeit

2.2.1 Rückwirkungen der Aufbauschneidenbildung auf den Werkzeugverschleiß

Der Verschleiß eines Werkzeuges wird durch den Abrieb auf der Freifläche, d. h. durch die Breite der Verschleißmarke und durch den Verschleiß auf der Spanfläche, d. h. durch das Verhältnis von Kolktiefe zu Kolkmittenabstand in der Verschleißmulde auf der Spanfläche gekennzeichnet. Die Größe des Verschleißes ist sowohl von der jeweiligen Paarung Schneidstoff–Werkstoff als auch von den Schnittbedingungen abhängig [21].
Auf der Freifläche unterliegt das Hartmetallwerkzeug in verschiedenen Schnittgeschwindigkeitsbereichen einem unterschiedlichen Verschleißangriff. Nach Vieregge [19] lassen sich diese Beziehungen anschaulich darstellen, wenn man die nach konstanter Schnittzeit auftretenden Verschleißmarkenbreiten über der Schnittgeschwindigkeit aufträgt. Diese sogenannten Verschleiß-Schnittgeschwindigkeitskurven steigen nicht stetig, sondern zeigen bei bestimmten Schnittgeschwindigkeiten ausgeprägte Größt- und Kleinstwerte für den Werkzeugverschleiß. Die in der Zerspanungspraxis besser bekannten Standzeitkurven sind die Umkehrfunktion dieser Kurven, so daß dem Verschleißkleinstwert ein Standzeitmaximum entspricht. Die Abb. 11 gibt eine solche Verschleiß-Schnittgeschwindigkeitskurve für die Bearbeitung von Stahl Ck 53 N mit Hartmetall P 30 bei konstantem Spanungsquerschnitt wieder. Hier beobachtet man im Bereich mitt-

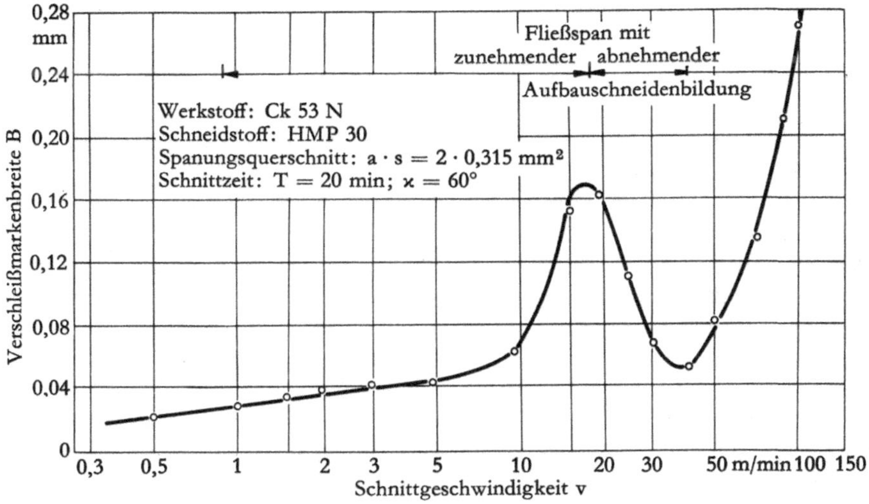

Abb. 11 Verschleiß-Schnittgeschwindigkeitskurven mit eingezeichnetem Bereich der Aufbauschneidenbildung

lerer bis niedriger Schnittgeschwindigkeiten ein Verschleißmaximum und bei etwas höherer Schnittgeschwindigkeit ein Verschleißminimum. Bei weiterer Steigerung der Schnittgeschwindigkeit wächst der Verschleiß stetig mit der Geschwindigkeit. Bei den Größt- und Kleinstwerten des Werkzeugverschleißes treten Änderungen in den Verschleißursachen auf, so daß andere Verschleißgesetzmäßigkeiten in den Vordergrund treten. Wäre der Werkzeugverschleiß beispielsweise allein auf mechanischen Abrieb zurückzuführen, so müßte der Verschleiß bei konstanter Drehzeit wegen zunehmender Drehlänge proportional mit der Schnittgeschwindigkeit wachsen. Da dies nicht der Fall ist, müssen mit zunehmender Schnittgeschwindigkeit neue Verschleißursachen auftreten bzw. andere Verschleißursachen verschwinden.

Über die Ursachen für das Auftreten der Verschleißhöchst- und -kleinstwerte bei bestimmten Schnittgeschwindigkeiten liegen noch keine eingehenden Untersuchungen vor. Von verschiedenen Stellen wurde bisher lediglich die Vermutung geäußert, daß Preßschweißungen und Aufbauschneiden im unteren Schnittgeschwindigkeitsbereich zu diesem Verschleißanstieg führen. Tatsächlich kann bei der Zerspanung in diesem Schnittgeschwindigkeitsbereich beobachtet werden, daß an der Spanunterseite und am Werkstück Schuppen auftreten, die auf eine Aufbauschneidenbildung schließen lassen. Mit zunehmender Schnittgeschwindigkeit verschwinden diese Schuppen.

Um das Auftreten der Aufbauschneiden verfolgen zu können, wurden bei verschiedenen Schnittgeschwindigkeiten die Spanentstehungsstellen untersucht. Dabei zeigte sich, daß bei der Bearbeitung von Stahl mit Hartmetall im unteren und mittleren Schnittgeschwindigkeitsbereich tatsächlich Aufbauschneiden auf dem Werkzeug entstehen. Die Abb. 11 läßt erkennen, in welchen Bereichen der Verschleiß-Schnittgeschwindigkeitskurven Aufbauschneiden beobachtet wurden.

Aus dem Diagramm geht hervor, daß Aufbauschneiden nur bei Schnittgeschwindigkeiten unterhalb des Verschleißminimums auftreten.
Grundsätzlich muß man zwischen zwei Bereichen der Aufbauschneidenbildung unterscheiden, nämlich

1. dem Bereich, in dem die Abmessungen der Aufbauschneide mit der Schnittgeschwindigkeit zunehmen, und
2. dem Bereich, in dem die Abmessungen der Aufbauschneide mit zunehmender Schnittgeschwindigkeit kleiner werden.

Diese beiden Bereiche lassen sich nicht nur, wie bereits geschildert, an Hand des Werkzeugverschleißes und der Abmessungen der Aufbauschneiden unterscheiden, sondern auch am äußeren Bild der anfallenden Späne. Während im ersten Fall die Spanunterseiten gleichmäßige Schuppen aufweisen, zeigen sich im zweiten Fall neben mehr oder weniger großen Stellen mit Schuppen vollkommen glatte Stellen. In Abb. 12 sind solche Spanunterseiten zum Vergleich gegenübergestellt. Durch die mit dem Span ständig abwandernden Teilchen der Aufbauschneide entstehen diese Schuppen auf der Spanunterseite und der Schnittfläche. Es konnte festgestellt werden, daß bei der Entstehung der glatten Stellen auf der Spanunterseite keine Aufbauschneide vorhanden war. Diese wurde unmittelbar vorher durch den Span oder die Schnittfläche vollständig mit fortgerissen, so daß das Werkzeug kurze Zeit ohne Aufbauschneide arbeiten konnte. Bald danach hatte sich wieder eine neue Aufbauschneide gebildet. Dieser Vorgang wiederholt sich mit steigender Schnittgeschwindigkeit in immer kürzeren Zeitabständen, die glatten Stellen an der Spanunterseite nehmen dabei zu, bis schließlich die Spanunterseite ganz glatt erscheint, d. h. bis keine Aufbauschneiden mehr auftreten. Im Schnittgeschwindigkeitsbereich mit zunehmender Aufbauschneidenbildung

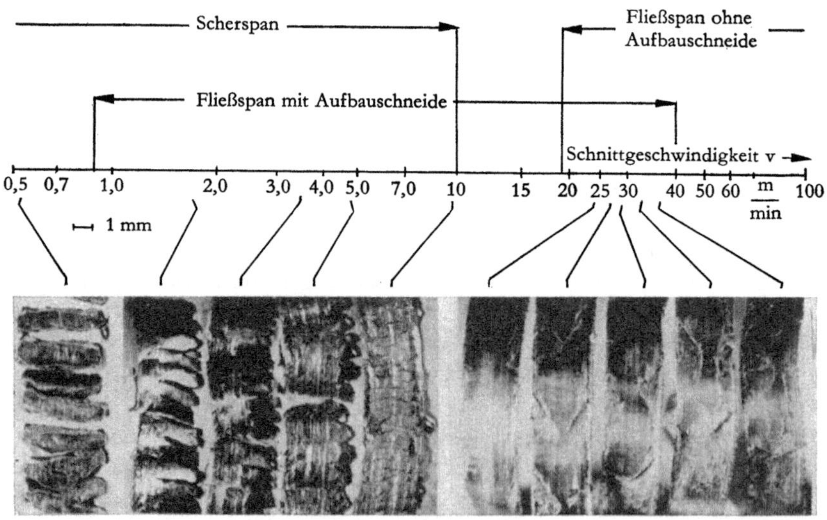

Werkstoff: Ck 53 N; Schneidstoff: HM P 30 Spanungsquerschnitt: $a \cdot s = 2 \cdot 0{,}315\ mm^2$; $\varkappa = 60°$:

Abb. 12 Vergleich der Spanunterseiten bei verschiedenen Schnittgeschwindigkeiten tritt also in kurzen Abständen zeitlich aufeinanderfolgend ein Fließspan mit oder ohne Aufbauschneide auf.

Der Übergang von den Aufbauschneiden, die relativ fest auf dem Werkzeug sitzen, zu den sehr kurzlebigen Aufbauschneiden erfolgt bei Erreichen einer bestimmten Schnittgeschwindigkeit. Während bei den niedrigen Schnittgeschwindigkeiten die Aufbauschneiden stabil sind, wandert bei den höheren Schnittgeschwindigkeiten periodisch die gesamte Aufbauschneide mit der Schnittfläche oder der Spanunterseite ab. Die Übergangsgeschwindigkeit vom ersten zum zweiten Bereich liegt etwa dort, wo in der V-v-Kurve ein Maximum für den Werkzeugverschleiß auftritt.

Die Abb. 13 läßt solche Aufbauschneiden bei verschiedenen Schnittgeschwindigkeiten erkennen. Ihre Zugehörigkeit zu den verschiedenen Bereichen der Aufbau-

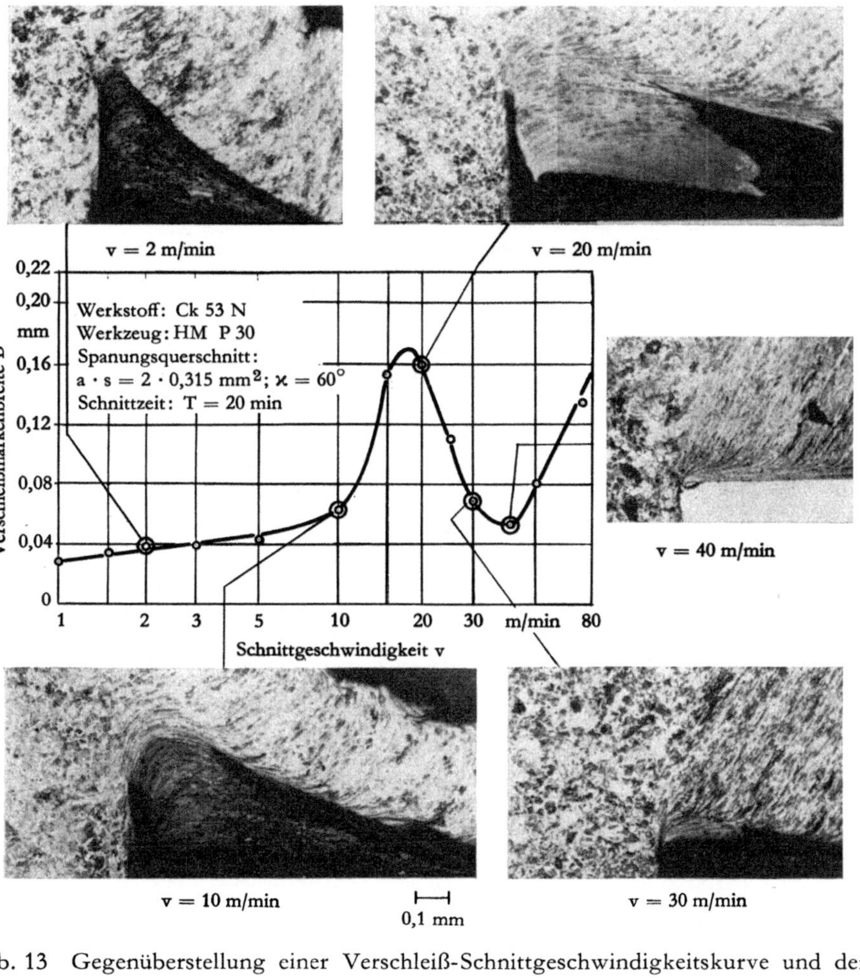

Abb. 13 Gegenüberstellung einer Verschleiß-Schnittgeschwindigkeitskurve und der bei verschiedenen Schnittgeschwindigkeiten auftretenden Aufbauschneiden

schneidenbildung wird durch die beigefügte V-v-Kurve gekennzeichnet. Danach wachsen die Aufbauschneiden ausgehend von niedrigen Schnittgeschwindigkeiten bis zum Maximum des Werkzeugverschleißes in der Verschleiß-Schnittgeschwindigkeitskurve, das im vorliegenden Beispiel bei etwa 18 m/min auftritt. Von dieser Schnittgeschwindigkeit an nehmen die Abmessungen der Aufbauschneide wieder ab, bis sie beim Minimum des Freiflächenverschleißes bei etwa 40 m/min nicht mehr in Erscheinung treten. Man kann also feststellen, daß zwischen dem Auftreten der Aufbauschneiden und dem Werkzeugverschleiß bei der Bearbeitung von Stahl mit Hartmetall enge Wechselbeziehungen bestehen. Je größer nämlich die Aufbauschneide ist, desto größer wird auch der Freiflächenverschleiß von Hartmetall-Drehwerkzeugen.

Allerdings unterscheidet sich die Form des Freiflächenverschleißes bei Aufbauschneidenbildung etwas von derjenigen Form, wie sie üblicherweise beim Zerspanen von Stahl mit Hartmetall ohne Aufbauschneide beobachtet wird. Während bei höheren Schnittgeschwindigkeiten, bei denen keine Aufbauschneiden auftreten, die Verschleißmarke parallel zur Schnittrichtung verläuft (Abb. 14a), liegt sie beim Zerspanen mit Aufbauschneiden schräg zur Schnittrichtung. Es entsteht

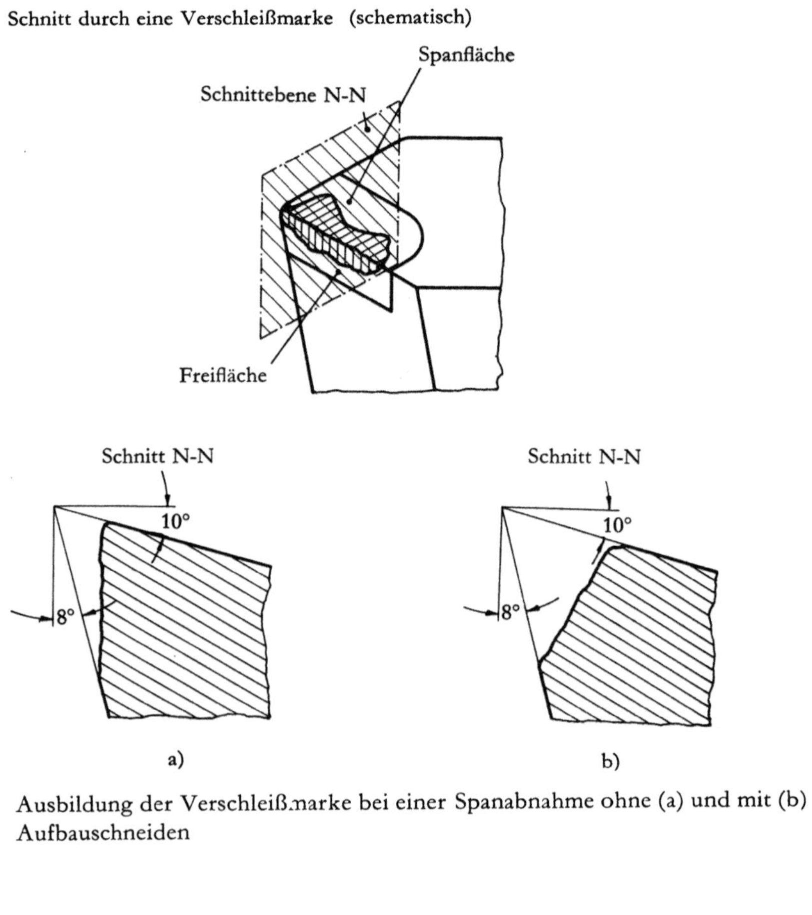

Abb. 14 Ausbildung der Verschleißmarke bei einer Spanabnahme ohne (a) und mit (b) Aufbauschneiden

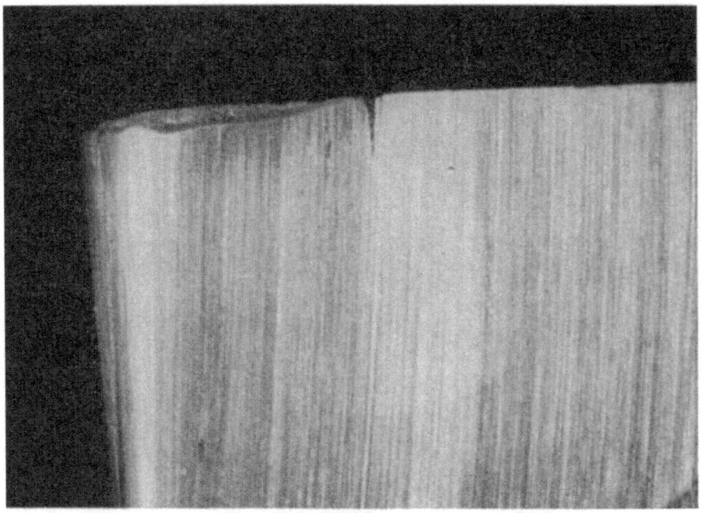

Abb. 15 Verschleißmarke nach einer Spanabnahme mit Aufbauschneide
Werkstoff: Ck 53 N
Schneidstoff: HM P 30
Schnittgeschwindigkeit: v = 15 m/min
Spannungsquerschnitt: $a \cdot s = 2 \cdot 0{,}315\ mm^2$

dadurch eine kleine Phase am Werkzeug, die sich sozusagen als negativer Spanwinkel schräg von der Freifläche zur Spanfläche erstreckt (Abb. 14b). Die Abb. 15 zeigt eine Ansicht auf die Freifläche eines Werkzeuges, das mit Aufbauschneiden zerspant hat und deutlich die Verschleißmarke erkennen läßt. Der Winkel, unter dem diese Verschleißmarke zur Schnittrichtung liegt, beträgt etwa 30°. Auch auf dieser schrägen Verschleißmarke bildet sich noch eine Aufbauschneide. Die Abb. 16 gibt den Querschliff einer solchen Spanentstehungsstelle wieder.
Im vorliegenden Fall erfolgte die Schnittunterbrechung erst nach längerer Schnittzeit, bei der das Werkzeug bereits einen großen Verschleiß aufwies. Man erkennt deutlich den schrägen Ansatz der Aufbauschneiden an der ehemaligen Kontaktfläche mit dem Werkzeug. Die Breite dieser schrägen Verschleißmarke nimmt mit der Schnittzeit zu. Ermittelt man bei konstanten Schnittbedingungen nach verschiedenen Schnittzeiten die entsprechenden Verschleißmarkenbreiten, so erhält man die in Abb. 17 wiedergegebenen Beziehungen zwischen Verschleiß und Schnittzeit. Mit zunehmender Schnittzeit steigt die Verschleißmarkenbreite zunächst stark an, nachdem in den ersten Minuten des Zerspanungsprozesses kein Verschleiß zu erkennen war. Nach einer gewissen Schnittzeit nimmt dann der Verschleiß weniger stark zu. Im doppellogarithmischen Koordinatennetz ergeben sich die bekannten Geraden mit je nach Werkstoff–Werkzeug-Kombination und Schnittbedingungen mehr oder weniger starker Steigung. Dabei bleibt die Neigung der Verschleißmarke am Werkzeug zur Schnittrichtung mit 30° immer gleich. Bei Aufbauschneidenbildung wird die Spanfläche anders als die Freifläche der Hartmetallwerkzeuge auf Verschleiß beansprucht. Ermittelt man den Kolk-

Werkstoff:
Ck 53 N

Schneidstoff:
HM P 30

Schnittgeschw.:
$v = 15$ m/min

Spanungsquerschn.:
$a \cdot s = 2 \cdot 0{,}315$ mm²

Einstellwinkel:
$\varkappa = 60°$

Schnittzeit:
$T = 10$ min

0,1 mm

Abb. 16 Querschliff durch eine Spanwurzel bei Zerspanung im Bereich der Aufbauschneidenbildung

verschleiß bei verschiedenen Schnittgeschwindigkeiten nach gleichem Schnittweg, so zeigt Abb. 18, daß bei bestimmten Schnittgeschwindigkeiten die Kolktiefe nicht mit der Schnittgeschwindigkeit wächst, sondern abnimmt. Die in diesem Bereich beobachtete Kolkform, bei der erst in einem gewissen Abstand hinter der Schneide der Kolkverschleiß einsetzt, läßt bereits eine Schutzwirkung der Aufbauschneide gegenüber einem Verschleißangriff erkennen. Zur Messung des Kolkverschleißes wurde die am Werkzeug haftende Aufbauschneide nach Beendigung des jeweiligen Versuchs chemisch abgelöst. Bei einer bestimmten Schnittgeschwindigkeit erreicht der Kolkverschleiß ein Minimum und nimmt dann mit ansteigender Schnittgeschwindigkeit wieder zu.

Vergleicht man noch die Kolkverschleißkurve mit den Kurven für die Abmessungen der Aufbauschneiden, so stellt man fest, daß das Minimum des Kolkverschleißes etwa mit dem Auftreten der größten Aufbauschneiden übereinstimmt. Man muß daraus schließen, daß der Kolkverschleiß so lange abnimmt, wie sich die Aufbauschneiden mit zunehmender Schnittgeschwindigkeit vergrößern. Erst wenn die Aufbauschneidenbildung zurückgeht, steigt der Kolkverschleiß wieder an. Die Aufbauschneide schützt demnach die Spanfläche des Hartmetallwerkzeuges im Gegensatz zur Freifläche vor Verschleiß. Das Minimum des Kolkverschleißes fällt nicht genau mit dem Maximum des Freiflächenverschleißes zusammen, sondern tritt erst bei etwas höherer Schnittgeschwindigkeit auf. Hieraus ist zu schließen, daß der Kolkverschleiß nicht allein durch die Aufbauschneide auf

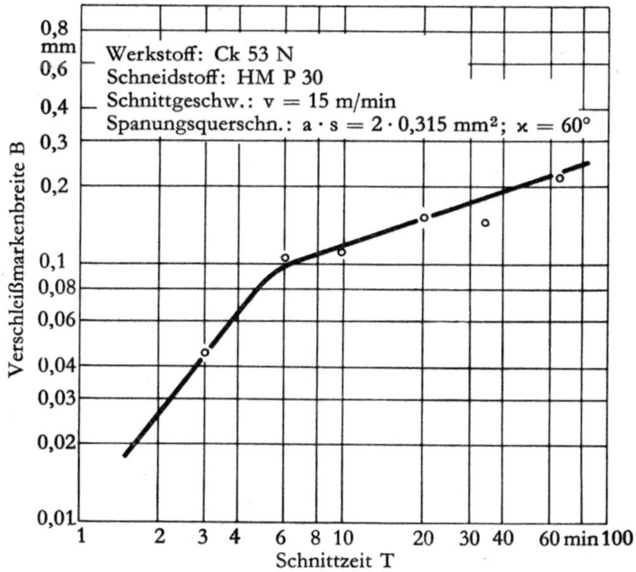

Abb. 17 Verschleiß an der Freifläche bei einer Zerspanung im Bereich der Aufbauschneidenbildung

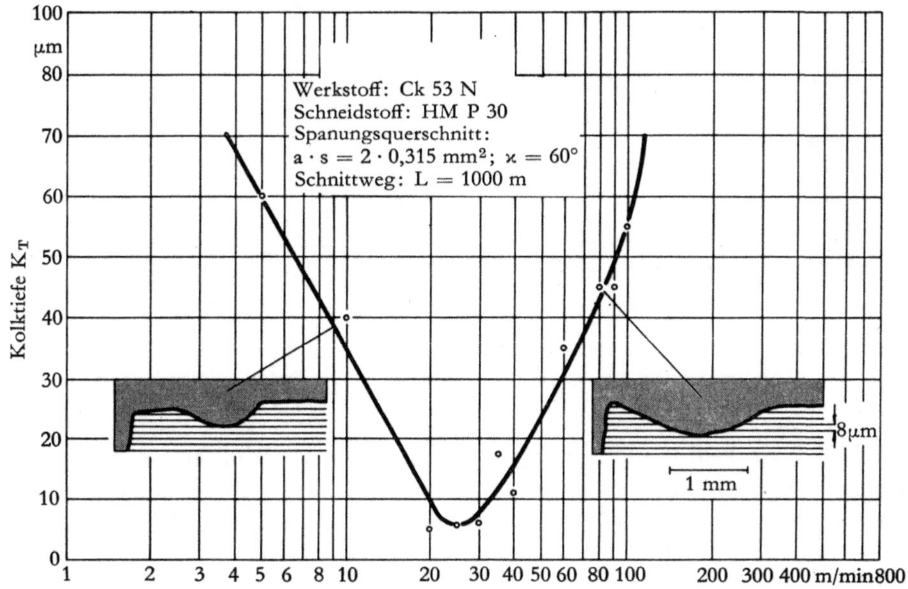

Abb. 18 Kolkverschleiß in Abhängigkeit von der Schnittgeschwindigkeit nach konstantem Schnittweg

der Spanfläche, sondern darüber hinaus durch die Festigkeit der über die Spanfläche gleitenden Unterseite des Spanes beeinflußt werden dürfte. Die Festigkeit dieser Schicht ist wie die Aufbauschneidenbildung von den Temperaturen in der Kontaktzone zwischen Span und Werkzeug abhängig.
Neben den unterschiedlichen Kolktiefen beobachtet man noch über einen größeren Schnittgeschwindigkeitsbereich verschiedene Kolkformen. Die Abb. 19 läßt die verschiedenen Kolkformen in der Aufsicht auf die Spanfläche des Werkzeuges bei den einzelnen Schnittgeschwindigkeiten erkennen. Man sieht, daß im Bereich niedriger Schnittgeschwindigkeiten der Verschleiß auf der seitlichen Begrenzung des Kolkes stärker ist als in der Mitte. Steigt die Schnittgeschwindigkeit, so nimmt das Verschleißmaß an den seitlichen Begrenzungen ab, während in der Mitte des Kolkes der Verschleiß wächst.

Werkstoff: Ck 53 N; Schneidstoff: HM P 30
Spanungsquerschnitt: $a \cdot s = 2 \cdot 0{,}315$ mm²; $\varkappa = 60°$; Schnittweg: $L = 1000$ m

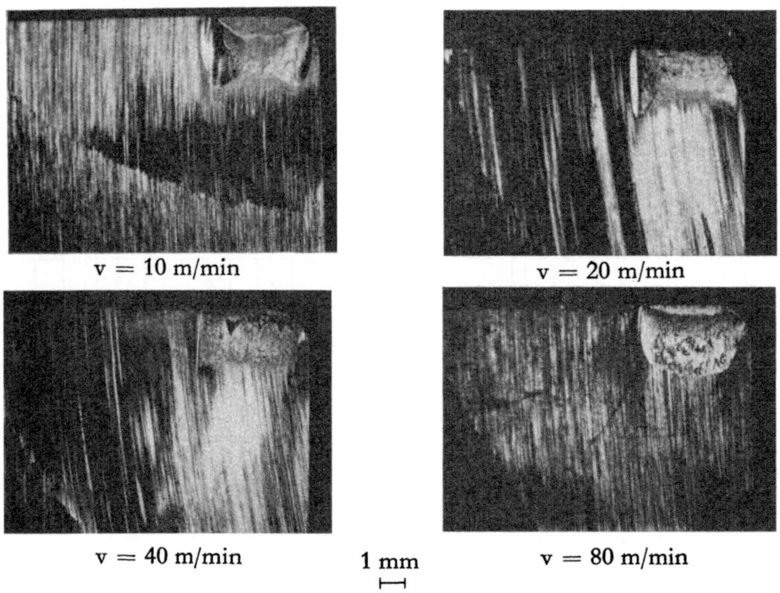

Abb. 19 Kolkformen bei verschiedenen Schnittgeschwindigkeiten

Schließlich wird ein Punkt erreicht, an dem die Form der Kolkmulde in der Aufsicht fast rechteckig erscheint. Bei noch höheren Schnittgeschwindigkeiten geht der Randverschleiß auf der Spanfläche immer mehr zurück, während in der Kolkmitte sich die Länge der Kolkmulde vergrößert. Diese Erscheinung ist zweifellos auf die Temperaturverteilung im Kolk zurückzuführen. Da mit der Schnittgeschwindigkeit auch die Schnittemperaturen ansteigen, kann die in Abb. 18 gezeigte Kolkverschleißkurve statt über der Schnittgeschwindigkeit auch über der Schnitttemperatur aufgezeichnet werden. Auf Grund dieses Zusammenhanges läßt sich

eine Erklärung für die verschiedenen Kolkformen im mittleren Schnittgeschwindigkeitsbereich finden.
An den äußeren Begrenzungen des Kolkes dürften nämlich wegen besserer Wärmeabfuhr die niedrigsten Temperaturen herrschen, während etwa in der Mitte der Kolkmulde die höchsten Temperaturen auftreten. Je nach Temperaturniveau und -gefälle ergeben sich damit die verschiedensten Möglichkeiten für die Ausbildung der Kolkmulde (Abb. 20). Entspricht z. B. die Temperatur in der Mitte des Kolkes der des Verschleißminimums, so ist die Temperatur an den seitlichen Begrenzungen entsprechend niedriger, d. h. an den Rändern der Kontaktzone wird ein größerer Verschleiß auftreten (Abb. 20, Fall 1). Liegt dagegen die Temperatur in der Mitte des Kolkes über derjenigen des Verschleißminimums, an den Seiten dagegen darunter, so kommt es etwa zu einer rechteckigen Ausbildung der Kolkform (Abb. 20, Fall 2). Sind an beiden Stellen die Temperaturen höher als diejenigen beim Minimum des Kolkverschleißes, so bildet sich eine Kolkform, wie sie Abb. 20, Fall 3 zeigt und wie sie in der Praxis bei der Zerspanung mit höheren Schnittgeschwindigkeiten meist beobachtet wird. Verschleiß und Temperatur sind demnach eng miteinander verbunden, ohne daß deshalb direkte Beziehungen

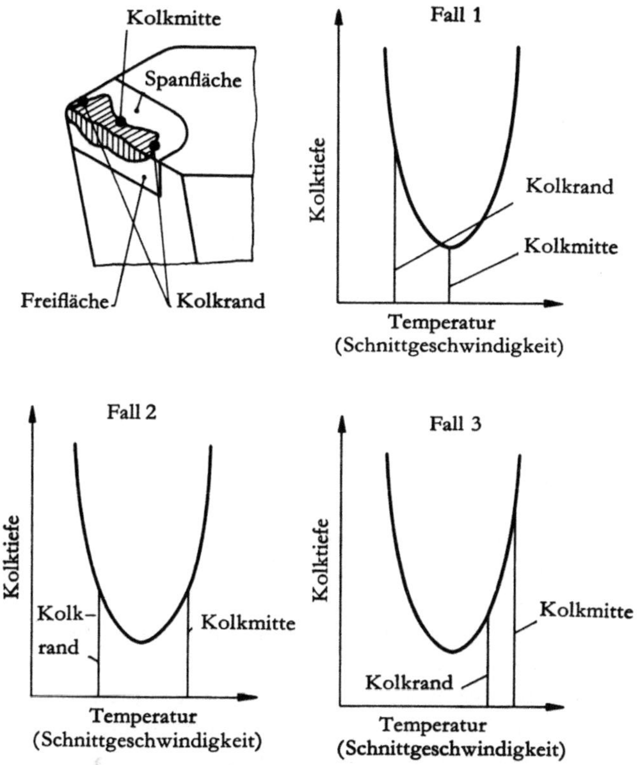

Abb. 20 Entstehung unterschiedlicher Kolkformen bei verschiedenen Schnittemperaturen (schematisch)

zwischen ihnen bestehen müssen. Durch äußere Einflüsse, wie die Aufbauschneidenbildung, können sich die funktionellen Abhängigkeiten ändern, wobei jedoch die prinzipiellen Beziehungen weiterhin bestehen bleiben.

2.2.2 Rückwirkungen der Aufbauschneidenbildung auf die Schnittkräfte

Die am Werkzeug angreifende Schnittkraft ist ein Maß für den Widerstand, den ein Werkstoff dem Eindringen eines Werkzeuges entgegensetzt. Die gesamte Zerspankraft P_Z wird üblicherweise in drei aufeinander senkrecht stehende Komponenten zerlegt, deren Richtungen mit genau zu bestimmenden Achsen am Werkzeug und Werkstück übereinstimmen: nämlich die Hauptschnittkraft P_H, die Vorschubkraft P_V und die Rückkraft P_R (Abb. 21). Diese Einzelkräfte können wäh-

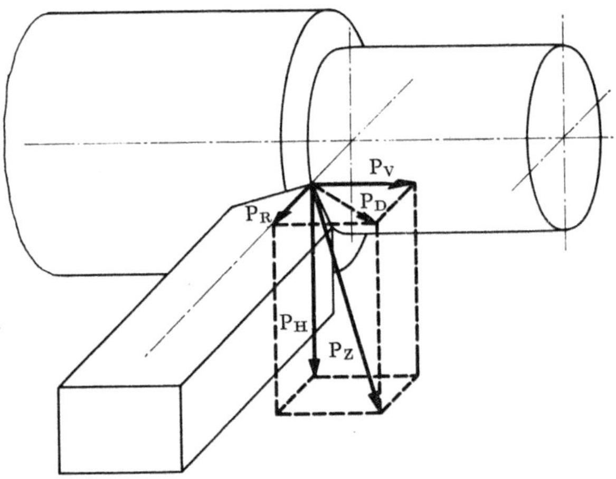

Abb. 21 Zerlegung der Zerspankraft P_Z

rend der spanabhebenden Bearbeitung unabhängig voneinander mit einem Dreikomponenten-Schnittkraftmesser bestimmt werden. Infolge seiner Konstruktion werden bei dem verwendeten Schnittkraftmesser (System Opitz) die während der Bearbeitung auftretenden Schnittkraftschwankungen nicht mit aufgezeichnet; der Meßwert stellt immer nur einen Mittelwert dar. Die üblicherweise auftretenden Schnittkraftschwankungen sind nicht so bedeutend, daß durch die Mittelung das Meßergebnis verfälscht würde. Bei Aufbauschneidenbildung treten allerdings größere Schnittkraftschwankungen auf, was durch einen Vergleich mit ungedämpften Schnittkraftmessern einer anderen Bauart ermittelt werden konnte. Die stärkeren Schnittkraftschwankungen bei der Aufbauschneidenbildung beruhen auf den dabei auftretenden periodischen Änderungen der Spanungsdicke. Während der Spanabnahme wächst nämlich die Aufbauschneide – wie Abb. 22 wiedergibt – nicht nur in ihrer Höhe, sondern gleichzeitig auch über die ursprüngliche

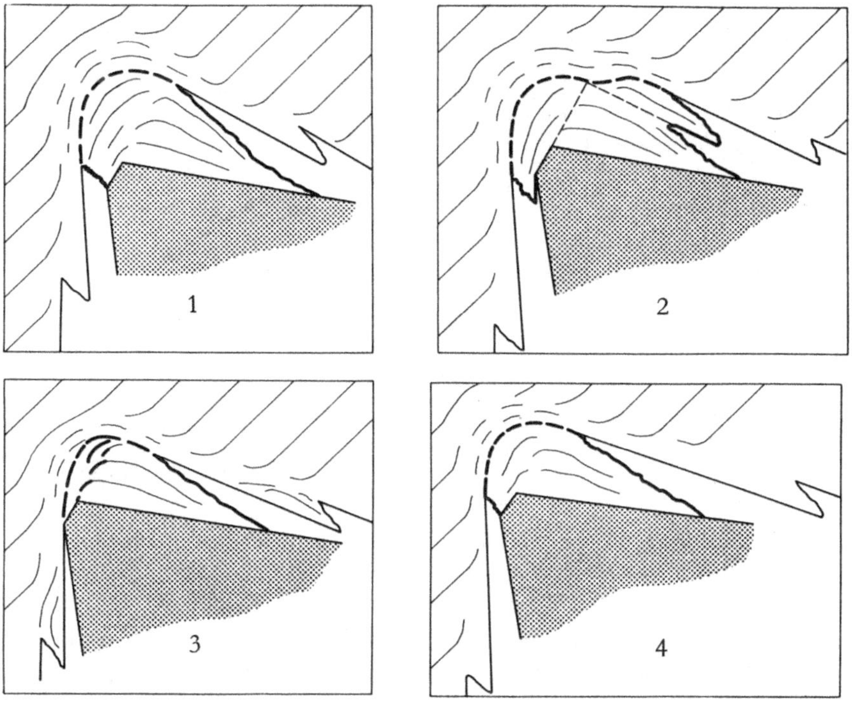

Abb. 22 Abwandern von Teilchen der Aufbauschneide mit der Spanunterseite und der Schnittfläche (schematisch)

Meißelkante hinaus. Dadurch vergrößert sich die eingestellte Spanungsdicke, so daß die Schnittkräfte ansteigen. Hat die Aufbauschneide eine bestimmte Größe erreicht, so werden plötzlich Teile der Aufbauschneide abgeschert, die durch Spanunterseite und Schnittfläche fortgerissen werden. Dabei nimmt sowohl die Höhe als auch die Länge des über die Schneidkante hinausgewachsenen Teiles der Aufbauschneide ab. Mit der dadurch zurückgehenden Spanungsdicke vermindern sich auch die Schnittkräfte. Auf diesem sich mit einer Frequenz von einigen hundert Hertz wiederholenden Vorgang beruhen die periodisch schwankenden Schnittkräfte.

Für die weiteren Untersuchungen der Aufbauschneidenbildung sind aber diese Schnittkraftschwankungen weitgehend uninteressant. Hier interessieren vielmehr die sich mit den Schnittbedingungen ändernden Mittelwerte der Schnittkräfte und ihre Beeinflussung durch die Aufbauschneidenbildung. Es war deshalb vorteilhaft, daß bei dem benutzten Schnittkraftmesser die auftretenden Schwankungen der Schnittkräfte nicht in Erscheinung treten und so die Bestimmung der mittleren Schnittkräfte nicht störten.

Die Abb. 23 gibt den Schnittkraftverlauf, aufgetragen über der Schnittgeschwindigkeit, bei einem Vorschub von $s = 0{,}315$ mm/U ($\varkappa = 60°$) wieder. Als allgemeine Tendenz läßt sich bei allen Meßreihen folgendes erkennen:

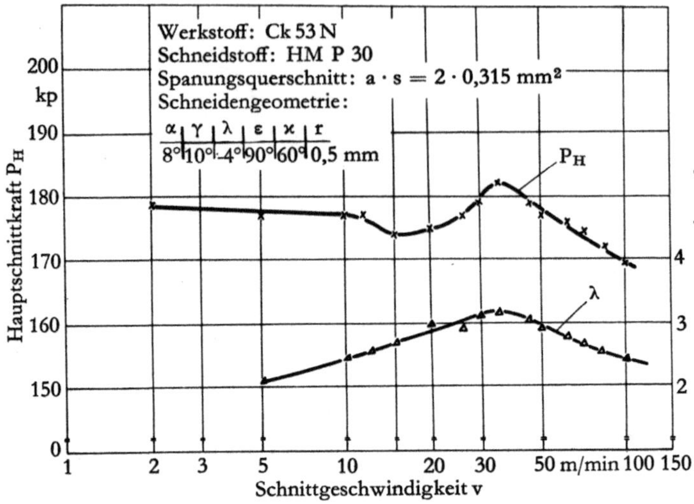

Abb. 23 Verlauf der Hauptschnittkraft und der Spanstauchung in Abhängigkeit von der Schnittgeschwindigkeit

a) Bei sehr niedrigen Schnittgeschwindigkeiten bleiben die Schnittkräfte fast konstant bzw. fallen mit zunehmender Schnittgeschwindigkeit ganz leicht ab.

b) Von einem bestimmten Schnittgeschwindigkeitswert an nehmen die Schnittkräfte mit ansteigender Schnittgeschwindigkeit stärker ab, und zwar bis zu einem deutlichen Schnittkraftminimum.

c) Von da ab steigen die Schnittkräfte wieder mit der Schnittgeschwindigkeit an, bis sie einen ausgeprägten Höchstwert erreichen.

d) Schließlich fallen die Schnittkräfte degressiv mit der Schnittgeschwindigkeit ab.

Vergleicht man diese Schnittkraftkurven mit den Verschleißschnittgeschwindigkeitskurven (Abb. 24), so stellt man fest, daß in ersterem Bereich (a) auch der Verschleiß nur geringfügig mit der Schnittgeschwindigkeit zunimmt. Die Spanbildung erfolgt hierbei noch teils als Scherspan, teils als Fließspan, wobei im letzteren Bereich bereits Aufbauschneiden auftreten [21]. Von dem Augenblick an, bei dem kein Scherspanteil mehr zu beobachten ist, wird der gesamte Span mit einer Aufbauschneide abgenommen. Die Schnittkräfte nehmen dabei ab, während die Größe der Aufbauschneiden und der Freiflächenverschleiß bei steigender Schnittgeschwindigkeit zunehmen (b). Haben die Schnittkräfte ihren Tiefstwert erreicht, so treten die größten Aufbauschneiden sowie das Maximum des Freiflächenverschleißes auf (vgl. Abb. 11 und 13). Mit der darauffolgenden abnehmenden Aufbauschneidenbildung steigen die Schnittkräfte wieder an (c), bis beim Verschwinden der Aufbauschneiden das Maximum der Schnittkräfte beobachtet wird. Bei weiter steigender Schnittgeschwindigkeit vermindern sich die Schnittkräfte im Fließspangebiet ohne Aufbauschneide degressiv (d). Am ausgeprägtesten kann

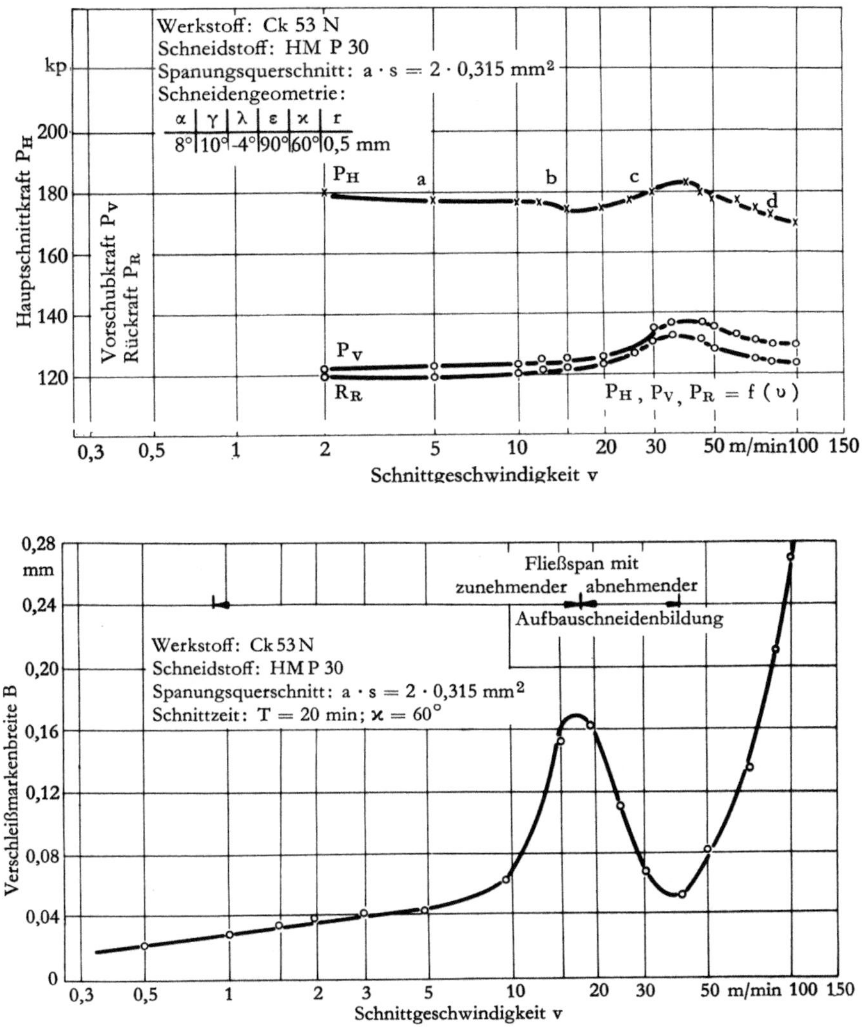

Abb. 24 Gegenüberstellung des Verlaufes der Schnittkräfte und des Verschleißes bei verschiedenen Schnittgeschwindigkeiten

man diese Veränderungen der Schnittkräfte mit den Schnittgeschwindigkeiten bei der Vorschubkraft beobachten. Für andere Vorschübe gelten diese Beobachtungen entsprechend. Trägt man in einem Diagramm diejenigen Schnittgeschwindigkeiten auf, bei denen Höchst- und Tiefstwerte sowohl für die Schnittkräfte als auch für den Freiflächenverschleiß liegen, so erhält man das in Abb. 25 gezeigte Diagramm. Man erkennt, daß die Maxima für die Schnittkräfte und die Minima für den Freiflächenverschleiß sich mit Schnittgeschwindigkeit und Vorschub in ähnlicher Weise verschieben.

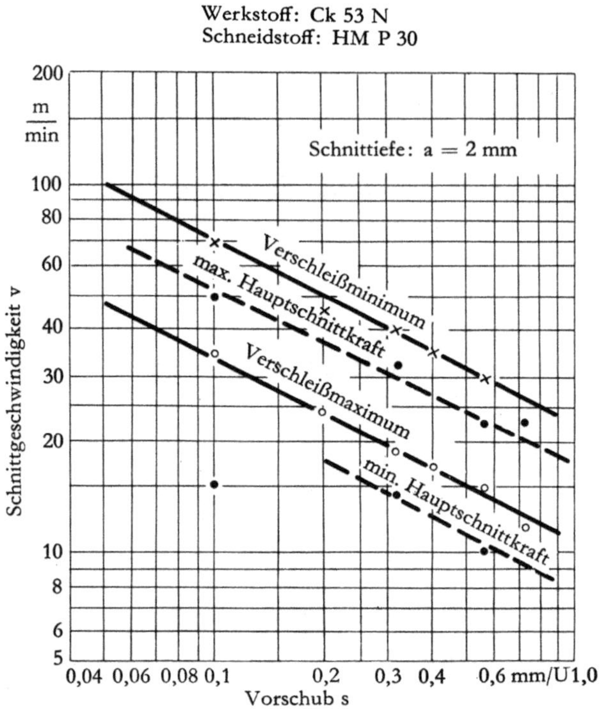

Abb. 25 Veränderung der Schnittgeschwindigkeiten, bei denen die Maxima bzw. Minima des Verschleißes und der Schnittkräfte auftreten, in Abhängigkeit vom Vorschub

Eine Erklärung für diese Verhältnisse kann man zunächst nicht geben. Im Schrifttum wird öfter angenommen, daß mit größer werdenden Aufbauschneiden der Spanwinkel ebenfalls größer wird. Damit müßten die Schnittkräfte abfallen. Werden die Aufbauschneiden dann wieder kleiner, so müssen auch die Schnittkräfte wieder ansteigen. Leider entspricht die dabei gemachte Annahme über die Beziehung zwischen der Größe der Aufbauschneide und dem effektiven Spanwinkel nicht den tatsächlichen Verhältnissen. Wie noch gezeigt wird (vgl. Abb. 30), ist nämlich die Höhe der Aufbauschneiden zunächst konstant und damit unabhängig von der Schnittgeschwindigkeit. Mit steigender Schnittgeschwindigkeit wächst nur die Länge der Aufbauschneiden. Damit werden aber die effektiven Spanwinkel mit zunehmenden Aufbauschneidenabmessungen kleiner und nicht, wie angenommen wurde, größer.

Eine Erklärung für den Verlauf der Schnittkräfte im Bereich der Aufbauschneidenbildung läßt sich an Hand der Spanstauchungswerte geben. Wie Abb. 23 zeigt, weisen die Spanstauchung und die Hauptschnittkraft in Abhängigkeit von der Schnittgeschwindigkeit die gleiche Tendenz auf.

Nach HUCKS [22] ergeben sich die Hauptschnittkräfte nach folgender Beziehung:

$$P_H = \tau_0 \cdot b \cdot h_1 \cdot K_\lambda$$

Es wird allgemein angenommen, daß die Schubspannung τ_φ in der Scherebene für einen Werkstoff konstant ist. Die Zerspanfestigkeit τ_0 entspricht dabei der Scherfestigkeit. Der Koeffizient K_λ enthält den Einfluß des Spanwinkels und der Spanstauchung. Für konstante Schnittbedingungen ist damit die Hauptschnittkraft der Spanstauchung direkt proportional.

Die Änderung der Spanstauchung im Bereich der Aufbauschneidenbildung dürfte auf die unterschiedlichen Reibungsbedingungen auf der Spanfläche in verschiedenen Schnittgeschwindigkeitsbereichen zurückzuführen sein, da die Kräfte in der Scherzone und in der Kontaktzone zwischen Werkzeug und Span im Gleichgewicht sind. Hierbei spielt vor allem der Einfluß der Temperatur auf die Scherfestigkeit des Werkstoffes in der Spanunterseite eine Rolle.

Bisher konnte ein Maximum und Minimum der Scherfestigkeit von Stahl in einem bestimmten Temperaturbereich noch nicht direkt nachgewiesen werden. Allerdings wurde ein entsprechender Härteverlauf des Werkstoffes – wie Abb. 26 zeigt – festgestellt. Da anzunehmen ist, daß zwischen der Härte und der Festigkeit bzw. der Scherfestigkeit gewisse Beziehungen bestehen, ist ein solcher Verlauf der Scherfestigkeit wahrscheinlich. Das Minimum der Härte tritt demnach bei Temperaturen von $\sim 200°$C in Erscheinung, während bei $\sim 400°$C ein Maximum der Härte auftritt. Ähnliche Temperaturverhältnisse könnten auch bei Aufbauschneidenbildung und den entsprechenden mittleren Schnittgeschwindigkeiten vorliegen. Inwieweit diese Annahme den tatsächlich vorliegenden Verhältnissen entspricht, soll durch weitere Untersuchungen geklärt werden. Wahrscheinlich

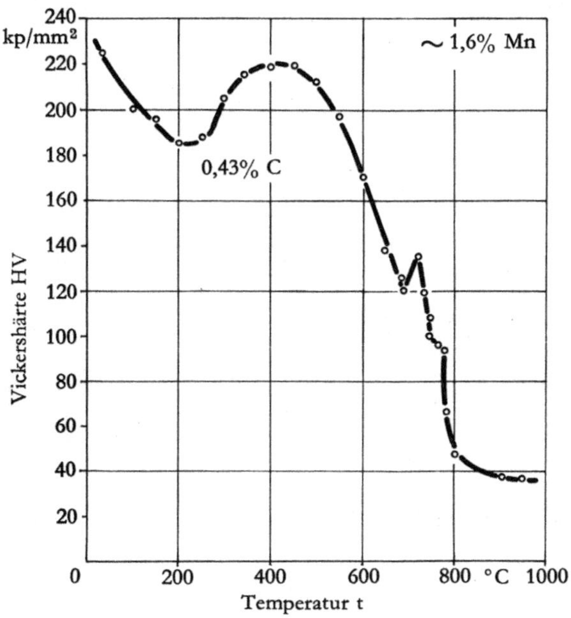

Abb. 26 Härte eines Stahles mit 0,43% C in Abhängigkeit von der Temperatur
Nach SCHENCK u. a. [27]

spielen auch die sich mit der Schnittemperatur ändernde Reibung und die Größe der Kontaktzone zwischen Span und Werkzeug hierbei eine Rolle. Darüber hinaus wäre der Einfluß der Verformungsgeschwindigkeit auf die Scherfließspannung zu berücksichtigen.

2.2.3 Rückwirkungen der Aufbauschneidenbildung auf die Oberflächengüte

Die Auswirkung der Aufbauschneiden auf die Oberfläche der bearbeiteten Werkstücke war ein Problem, das bereits früh erkannt und untersucht wurde. Bei der Benutzung von Werkzeug- und Schnellarbeitsstahl liegen nämlich die anwendbaren Schnittbedingungen meist im Bereich der Aufbauschneidenbildung. Für die Zerspanungspraxis sind deshalb Kenntnisse über die Vorgänge bei der Aufbauschneidenbildung besonders wichtig.

Wie schon erwähnt wurde, haben die Aufbauschneiden eine sehr ungünstige Wirkung auf die Oberflächengüte der Werkstücke. Während der spanabhebenden Bearbeitung bleiben die Aufbauschneiden nämlich nicht als zweite Schneide fest auf dem Werkzeug, sondern es findet eine fortgesetzte Fluktuation von Aufbauschneidenteilchen statt.

Auf den Span- bzw. Werkstückoberflächen entstehen durch die abgewanderten Teile der Aufbauschneide Erhebungen und Vertiefungen, die, wie Abb. 27 wiedergibt, ein schuppenförmiges Aussehen haben. Die Verteilung der Schuppen auf der Oberfläche ist ziemlich regelmäßig. Die Größe der Teilchen auf der Schnittfläche

Abb. 27 Schuppen auf der Schnittfläche

Werkstoff:	Ck 53
Schneidstoff:	HM P 30
Schnittgeschwindigkeit:	$v = 10$ m/min
Spanungsquerschnitt:	$a \cdot s = 2 \cdot 0{,}315$ mm^2

bzw. der Oberfläche des Werkstückes bestimmt weitgehend die Oberflächenrauhigkeit. In einem Tastschnitt einer Schnittfläche längs der Schnittrichtung erkennt man deutlich die Form dieser Schuppen (Abb. 28), die entgegen der Schnittrichtung allmählich höher werden und dann plötzlich aufhören. Im Längsschliff einer solchen Oberfläche erscheint das gleiche Bild (Abb. 29). Die Schuppenteilchen bestehen wie die Aufbauschneiden aus dem stark verformten Material des Werkstückes. Abmessungen und Anzahl dieser Schuppen an der Oberfläche hängen von den Schnittbedingungen ab. Von ROHDE [23] wurden diese Beziehungen beim Räumvorgang für die Bearbeitung von Stahl mit Schnellarbeitsstahl eingehend untersucht. Mit gewissen Einschränkungen bezüglich der Schnitt-

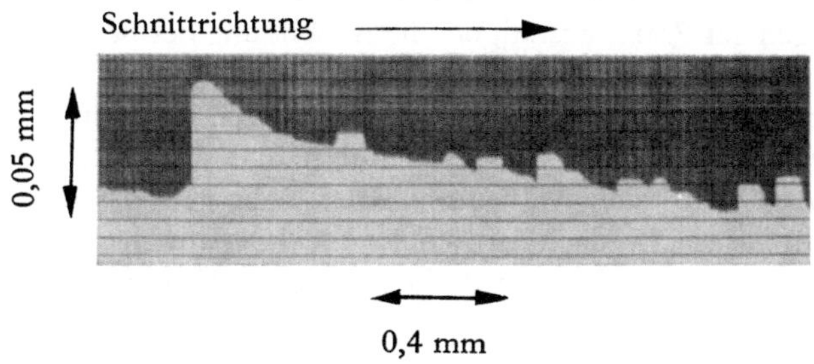

Abb. 28 Tastschnitt einer Schuppe in der Schnittfläche
Werkstoff: Ck 53 N
Schneidstoff: SS EV 4 Co
Schnittgeschwindigkeit: $v = 10$ m/min
Spanungsquerschnitt: $a \cdot s = 2 \cdot 0{,}315$ mm²

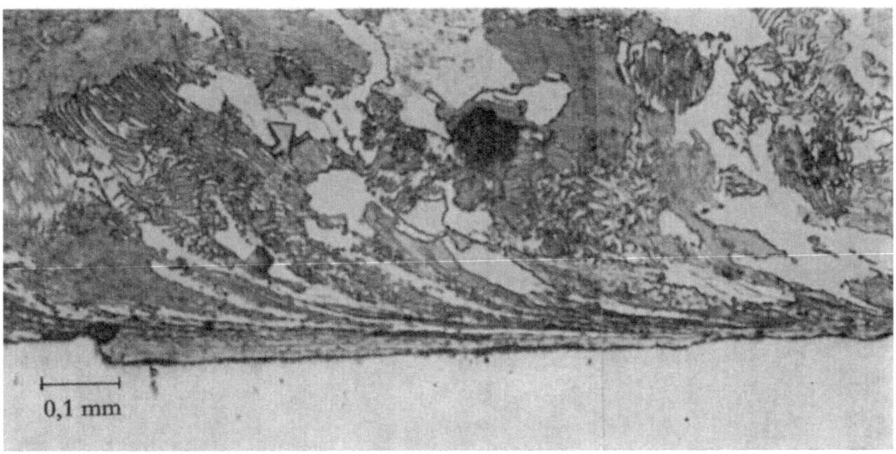

Abb. 29 Längsschliff durch eine Schuppe on der Schnittfläche
Werkstoff: Ck 60
Schneidstoff: HM P 30
Schnittgeschwindigkeit: $v = 10$ m/min
Spanungsquerschnitt: $a \cdot s = 2 \cdot 0{,}315$ mm²

bedingungen sind diese Ergebnisse prinzipiell auch auf die Stahlbearbeitung mit Hartmetall übertragbar. Danach nehmen die Abmessungen der Schuppen mit ansteigender Spanungsdicke zu. Die Oberflächenrauhigkeit steigt dadurch entsprechend. Auch mit der Schnittgeschwindigkeit wachsen die Abmessungen der Schuppen zunächst an. An Längsschliffen von Schnittflächen läßt sich die durchschnittliche Größe der Schuppen erkennen. Erst bei der Schnittgeschwindigkeit, von der ab sich auch die Abmessungen der Aufbauschneiden verringern, geht die Höhe der Schuppenteilchen wieder zurück, und die Oberflächengüte nimmt zu.
Einen Einfluß auf die Größe der Schuppen und damit auf die Oberflächenqualität scheint nach ROHDE auch der Werkstoff des Werkstückes zu haben. Insbesondere dessen Gefügeausbildung und Härte bzw. Festigkeit dürfte hier, wie die Erfahrungen der Praxis bestätigen, die Ausbildung der Schuppen beeinflussen. Große Schuppen und damit schlechte Oberflächen entstehen anscheinend besonders bei weichem Stahl, während beim vergüteten Gefügezustand des Stahles die Abmessungen der Schuppen sich vermindern und die Oberflächenqualität ansteigt. Erst nachdem keine Aufbauschneiden mehr gebildet werden, verbessert sich die Qualität der Oberfläche entscheidend, dabei treten andere Gesetzmäßigkeiten für die Entstehung der Oberflächenrauhigkeit [24] in den Vordergrund.

3. Einflüsse auf die Aufbauschneidenbildung

3.1 Auswirkungen der Schnittbedingungen auf die Aufbauschneidenbildung

In Abb. 11 war bereits gezeigt worden, in welchem Schnittgeschwindigkeitsbereich sich Aufbauschneiden auf dem Werkzeug bilden. So kann man beim Übergang vom Scherspan zum Fließspan zum erstenmal Aufbauschneiden beobachten. Dieser Übergang findet bei relativ niedrigen Schnittgeschwindigkeiten statt, die bei praxisnahen Spanungsquerschnitten im Bereich einer Schnittgeschwindigkeit von etwa 1 m/min liegen. Dabei beginnen die losen Teile des Scherspanes (vgl. Abb. 12) zunächst an der Seite des Eckenradius fest zusammenzuhaften. An dieser Stelle treten erste Anzeichen der Fließspanbildung auf. Mit weiter wachsender Schnittgeschwindigkeit nimmt der Anteil des Scherspanes mehr und mehr ab, während der Teil des Spanes mit Fließspancharakter zunimmt, bis schließlich ein reiner Fließspan vorliegt. Die Aufbauschneiden treten nur im Gebiet des Fließspanes auf, während im Bereich des Scherspanes sich nach wie vor keine Aufbauschneiden bilden. Man beobachtet also, daß in unteren Schnittgeschwindigkeitsbereichen die Spanabnahme bei demselben Zerspanungsvorgang gleichzeitig teils mit, teils ohne Aufbauschneide erfolgen kann, je nach der über die Spanbreite veränderlichen Art der Spanbildung.

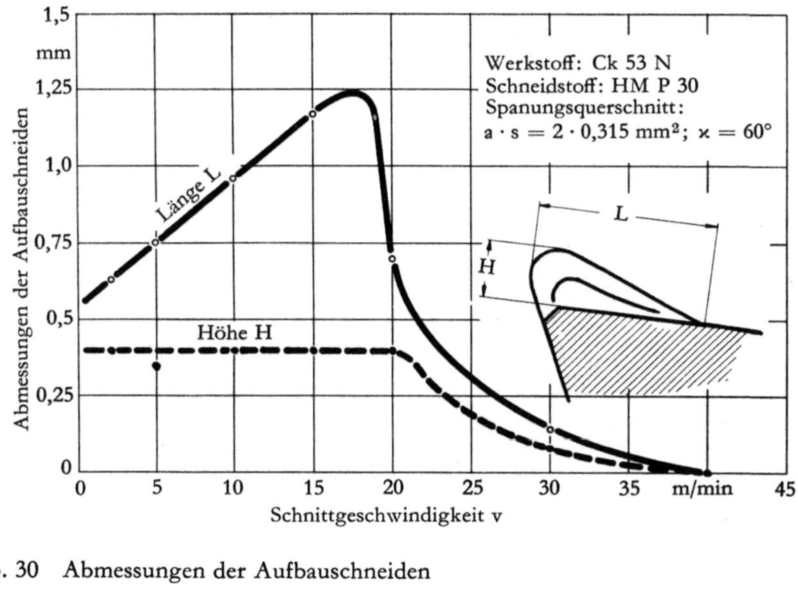

Abb. 30 Abmessungen der Aufbauschneiden

Mit steigender Schnittgeschwindigkeit wachsen die Abmessungen der Aufbauschneiden, bis bei ganz bestimmten Geschwindigkeitswerten die Größe der Aufbauschneiden wieder abnimmt. Wird die Schnittgeschwindigkeit jetzt noch weiter erhöht, so werden die Aufbauschneiden kleiner, bis bei einer oberen Grenzschnittgeschwindigkeit keine Aufbauschneiden mehr entstehen. Die Abb. 30 zeigt diese Erscheinung, dargestellt an Hand eines Diagrammes. Aufgetragen über der Schnittgeschwindigkeit wurden die Hauptabmessungen der Aufbauschneiden, nämlich ihre Länge L und ihre Höhe H. Diese Maße der Aufbauschneiden wurden durch metallographische Schliffe von einer Anzahl von Spanentstehungsstellen ermittelt. Dabei wurde festgestellt, daß zunächst nur die Länge der Aufbauschneiden mit der Schnittgeschwindigkeit zunimmt. Die Höhe der Aufbauschneiden blieb in diesem Bereich nahezu konstant und betrug bei allen untersuchten Fällen etwa 0,4 mm mit geringfügigen Abweichungen nach oben oder unten. Erst von bestimmten Schnittgeschwindigkeiten an nehmen sowohl Länge als auch Höhe der Aufbauschneiden mit der Schnittgeschwindigkeit bis zum Verschwinden der Aufbauschneiden ab.

Um im folgenden den Einfluß der Bearbeitungsbedingungen auf die Entstehung von Aufbauschneiden zu untersuchen, wurde als kennzeichnendes Merkmal für die Aufbauschneidenbildung der Werkzeugverschleiß benutzt, da er einmal einfach und sicher als Meßwert erfaßt werden kann, andererseits aber auch den Höhepunkt und das Verschwinden der Aufbauschneiden durch das Verschleißmaximum bzw. Verschleißminimum der Verschleiß-Schnittgeschwindigkeitskurven sehr gut kennzeichnet. Für verschiedene Spanungsquerschnitte wurden deshalb durch Variation von Vorschub und Schnittiefe mehrere Verschleißschnittgeschwindigkeitskurven aufgenommen, wie sie die Abb. 31 und 32 zeigen. Man erkennt zunächst, daß sich mit größer werdendem Vorschub die Schnittgeschwindigkeiten, bei denen die Verschleißmaxima und -minima in Erscheinung treten, zu immer

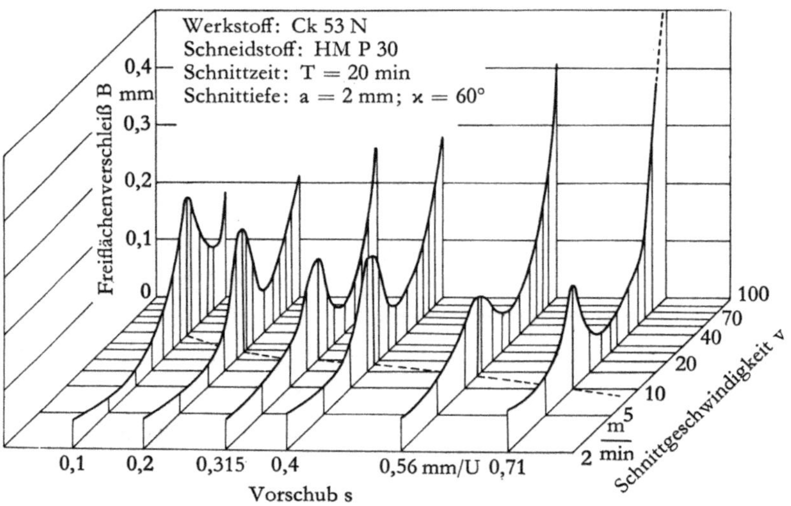

Abb. 31 Verschleiß-Schnittgeschwindigkeitskurven für verschiedene Vorschübe

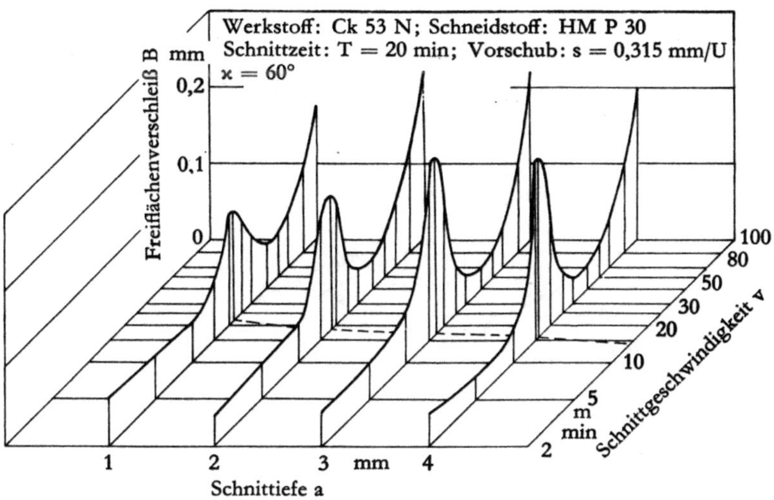

Abb. 32 Verschleiß-Schnittgeschwindigkeitskurven für verschiedene Schnittiefen

kleineren Werten verschieben. In etwas geringerem Maße, jedoch mit der gleichen Tendenz, verschieben sich diese die Aufbauschneidenbildung kennzeichnenden Schnittgeschwindigkeiten mit zunehmender Schnittiefe zu niedrigeren Werten. Außerdem macht man die Beobachtung, daß sich mit der Änderung von Vorschub und Schnittiefe die Absolutwerte des Freiflächenverschleißes in den Höchst- und Tiefstwerten der Verschleiß-Schnittgeschwindigkeitskurven verändern, und zwar nimmt die Verschleißmarkenbreite im Verschleißmaximum bzw. -minimum mit kleiner werdendem Vorschub und größer werdender Schnittiefe zu. Diese Einflüsse von Vorschub und Schnittiefe auf die Aufbauschneidenbildung lassen sich am besten durch die Lage der Verschleißkennwerte kennzeichnen.
Entnimmt man den Verschleiß-Schnittgeschwindigkeitskurven diejenigen Schnittgeschwindigkeiten, bei denen die Aufbauschneiden ihre größten Abmessungen erreichen (Verschleißmaximum) und bei denen die Aufbauschneiden nicht mehr auftreten (Verschleißminimum), und trägt sie über Vorschub bzw. Schnittiefe auf, so erhält man die in Abb. 33 und 34 wiedergegebenen Diagramme.

Mit größer werdenden Vorschüben und Schnittiefen verschieben sich diejenigen Schnittgeschwindigkeiten, bei denen die Verschleißhöchstwerte auftreten, d. h. von denen ab die Aufbauschneiden wieder abnehmen und bei denen schließlich keine Aufbauschneiden mehr auftreten, zu niedrigeren Werten. Es läßt sich erkennen, daß der Einfluß des Vorschubes auf die Aufbauschneidenbildung wesentlich größer ist als der Einfluß der Schnittiefe, da erstere Kurven eine wesentlich stärkere Neigung aufweisen.
Die Verlagerung der für die Aufbauschneidenbildung kritischen Schnittgeschwindigkeiten mit ansteigendem Spanungsquerschnitt zu niedrigen Schnittgeschwindigkeiten läßt annehmen, daß eine bestimmte Kenngröße, bei der die Aufbauschneiden abzunehmen beginnen bzw. schließlich ganz verschwinden, kon-

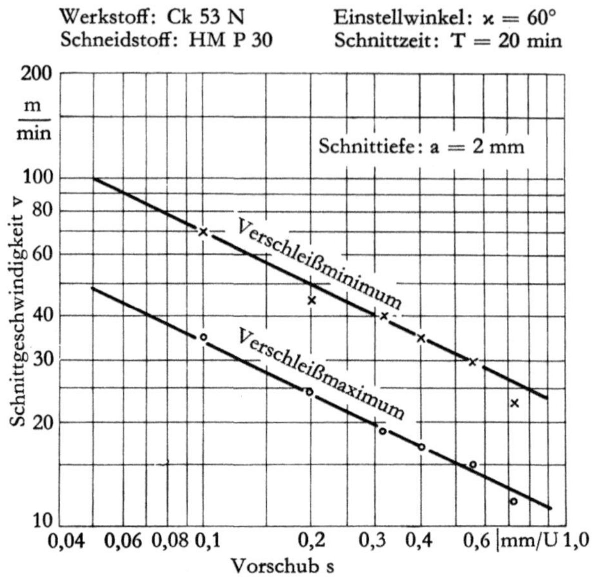

Abb. 33 Einfluß des Vorschubes auf die Schnittgeschwindigkeiten, bei denen die Verschleißmaxima bzw. -minima auftreten

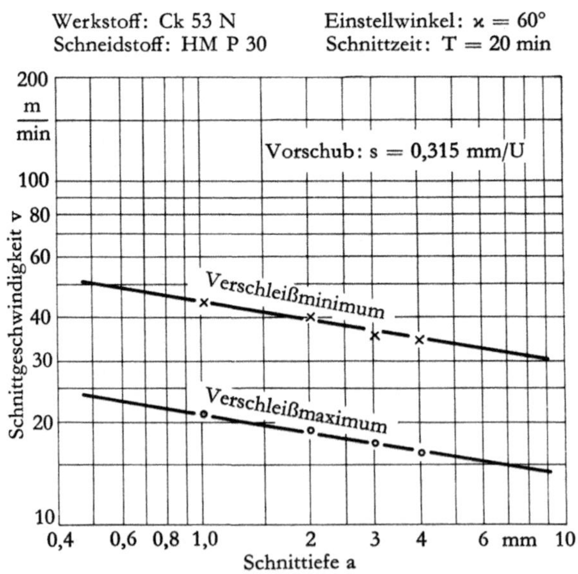

Abb. 34 Einfluß der Schnittiefe auf die Schnittgeschwindigkeiten, bei denen die Verschleißmaxima bzw. -minima auftreten

stant bleibt. Als solche Kenngröße dürfte die Schnittemperatur anzusehen sein, die mit Vorschub, Schnittiefe und Schnittgeschwindigkeit ansteigt, wobei sich die Aufbauschneidenbildung immer bei derselben Schnittemperatur verändert. Mit zunehmendem Spanungsquerschnitt treten die gleichen Schnittemperaturen bei immer niedrigeren Schnittgeschwindigkeiten auf, wie den vorliegenden Diagrammen zu entnehmen ist.

Die Kenntnis der Temperaturen in den Kontaktzonen zwischen Span, Werkstück und Werkzeug ist für die Untersuchung der Aufbauschneidenbildung von großer Bedeutung. Eine Messung der Schnittemperatur bei der Zerspanung ist bisher nur näherungsweise gelungen [25]. Die Bestimmung der Thermokraft kann nur Hinweise auf die vorliegenden Temperaturen geben, da durch die auftretenden Schnittdrücke und Verformungsgeschwindigkeiten die spezifische Thermokraft des Paares Werkstück–Werkzeug in unkontrollierbarer Weise verändert wird. Für diese Untersuchungen müßten daher andere Verfahren zur Temperaturmessung eingesetzt werden.

Im folgenden soll noch untersucht werden, welchen Einfluß die Schnittzeit auf die Bildung von Aufbauschneiden hat. Es wurden Verschleiß-Schnittgeschwindigkeitskurven nach verschiedenen Schnittzeiten aufgenommen und der Einfluß auf die Lage des Verschleißmaximums und -minimums bzw. auf die Grenzschnittgeschwindigkeit für abnehmende Aufbauschneidenbildung und das Ende der Aufbauschneidenbildung bestimmt. Die entsprechenden Beobachtungen wurden ausgewertet und in Abb. 35 aufgetragen. Man erkennt, daß ein geringer Einfluß der Schnittzeit vorhanden ist. Bei längeren Schnittzeiten verschieben sich die kritischen Schnittgeschwindigkeiten zu niedrigeren Werten. Dies ist erklärlich, da mit der Schnittzeit der Verschleiß am Werkzeug ansteigt. Dabei vergrößern sich die Reibflächen und Berührungsflächen zwischen Werkstück und Werkzeug, so daß sich die Temperaturen an der Schnittstelle geringfügig erhöhen. Die kritischen Temperaturen für die Aufbauschneidenbildung liegen deshalb nach längeren Schnittzeiten bei etwas niedrigeren Schnittgeschwindigkeiten.

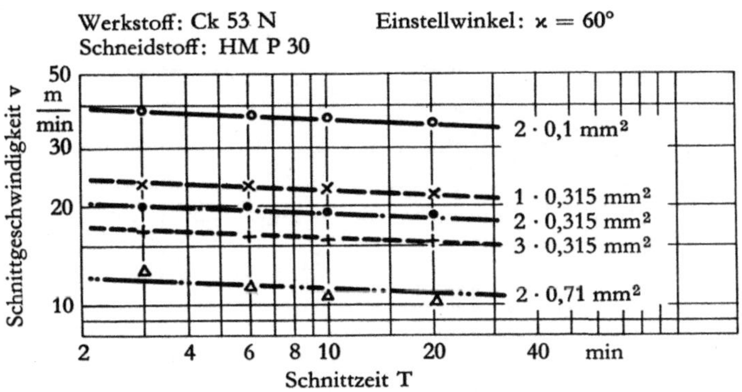

Abb. 35 Einfluß der Schnittzeit auf die Lage des Verschleißmaximums

3.2 Auswirkungen der Schneidengeometrie auf die Aufbauschneidenbildung

Die Auswirkungen der Schneidengeometrie auf die Aufbauschneidenbildung wurden schon im Schrifttum untersucht und diskutiert. Die größte Bedeutung dürfte dem Spanwinkel zukommen, da dieser unmittelbaren Einfluß auf die Verformungsvorgänge in der Scherzone und damit auf die Spanentstehung hat. Alle anderen Werkzeugwinkel, wie Freiwinkel und Neigungswinkel, haben keine oder nur geringe Rückwirkungen auf den Spanbildungsprozeß und sind deshalb auch für die Aufbauschneidenbildung von untergeordneter Bedeutung.
Wie umfangreiche Untersuchungen gezeigt haben, ändern sich mit dem Spanwinkel insbesondere die Schnittkräfte. Je größer der Spanwinkel, um so geringer werden die für die Spanabnahme erforderlichen Schnittkräfte. Von Hucks [22] wurden dafür die in Abb. 36 gezeigten Beziehungen ermittelt. Im Bild ist der Schnittkraftbeiwert K_λ über der Spanstauchung λ mit dem Spanwinkel γ als Parameter aufgetragen. Die Schnittkraft P_H ist bei sonst konstanten Zerspanungsbedingungen proportional diesem Schnittkraftbeiwert, und zwar entsprechend der Formel: $P_H = \tau_0 \cdot b \cdot h_1 \cdot K_\lambda$. Man erkennt, daß mit größer werdendem Spanwinkel die Schnittkräfte erheblich abfallen. Damit verringert sich aber gleichzeitig die Beanspruchung des Werkzeuges infolge der durch den ablaufenden Span verursachten Reibung. Die an dieser Reibungsstelle auftretenden Temperaturen sind darum bei großen Spanwinkeln wesentlich niedriger als bei kleinen oder gar bei negativen Spanwinkeln. Da, wie schon gezeigt werden konnte, die Aufbauschneidenbildung stark von den Schnittemperaturen abhängig ist, sind Rückwirkungen auf die Aufbauschneidenbildung durch Veränderung des Spanwinkels erklärlich.

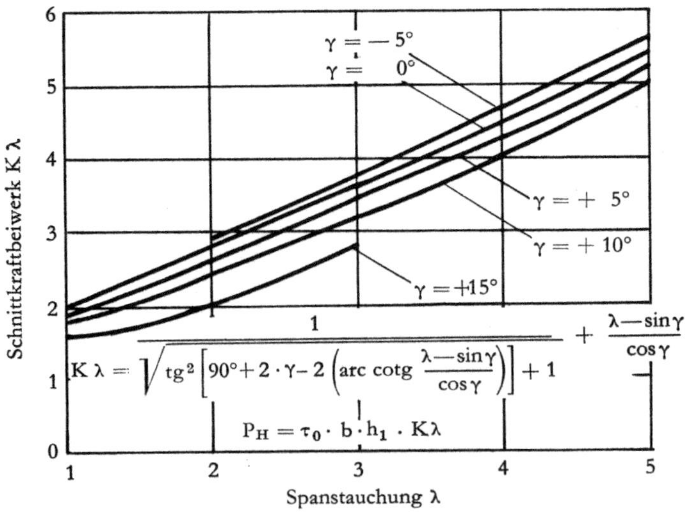

Abb. 36 Schnittkraftbeiwert K_λ in Abhängigkeit von der Spanstauchung Nach Hucks [22]

Von LOLADSE [12] wurden umfangreiche Untersuchungen zu diesem Thema durchgeführt. Das in Abb. 37 gezeigte Diagramm gibt die Veränderung der kritischen Schnittgeschwindigkeiten wieder, bei denen die Aufbauschneiden ihre größten Abmessungen erreichen (untere kritische Schnittgeschwindigkeit) und bei denen sie schließlich verschwinden (obere kritische Schnittgeschwindigkeit). Mit spitzer werdendem Schneidkeil, d. h. mit größer werdendem Spanwinkel verschieben sich die kritischen Schnittgeschwindigkeiten zu immer höheren Werten. Diese Tatsache deutet darauf hin, daß die Aufbauschneiden ihre größten Abmessungen jeweils bei einer konstanten Schnittemperatur erreichen und auch ab einer konstanten Temperatur nicht mehr auftreten. Durch Abnahme der Schneidentemperatur bei größerem Spanwinkel müssen deshalb diese für die Aufbauschneiden wichtigen Temperaturen bei entsprechend höheren Schnittgeschwindigkeiten liegen.

Durch einen Sonderanschliff [15], wie er in Abb. 38 erkennbar ist, ließen sich die ungünstigen Wirkungen der Aufbauschneiden auf die Oberflächengüte und den Werkzeugverschleiß nicht vermindern. Auch in diesem Fall trat eine Aufbauschneide auf der Spanfläche auf, und zwar ähnlich wie bei der Verschleißmarke in Abb. 16 auf der negativ angeschliffenen Spanwinkelphase. Genau wie beim Normalwerkzeug bildeten sich auch in diesem Fall auf der Spanunterseite und der

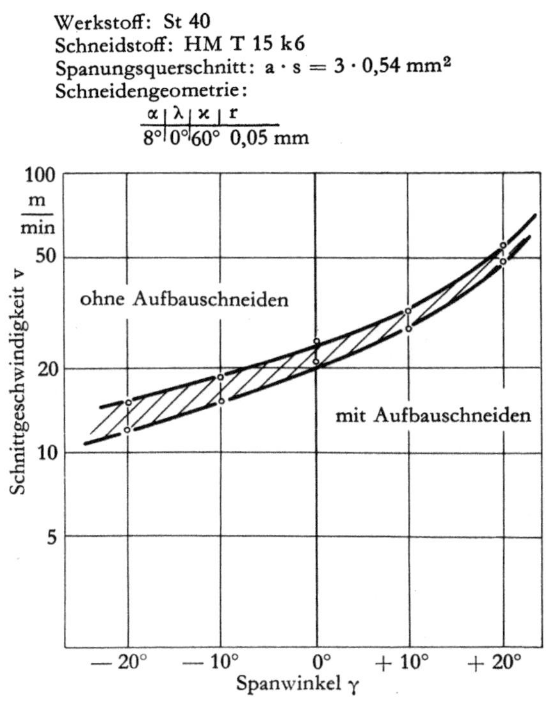

Abb. 37 Einfluß des Spanwinkels auf die Aufbauschneidenbildung
Nach LOLADSE [12]

Schnittfläche am Werkstück kleine Schuppen, die durch das fortwährende Abwandern kleinster Teile der Aufbauschneide während des Zerspanungsprozesses entstanden sind.

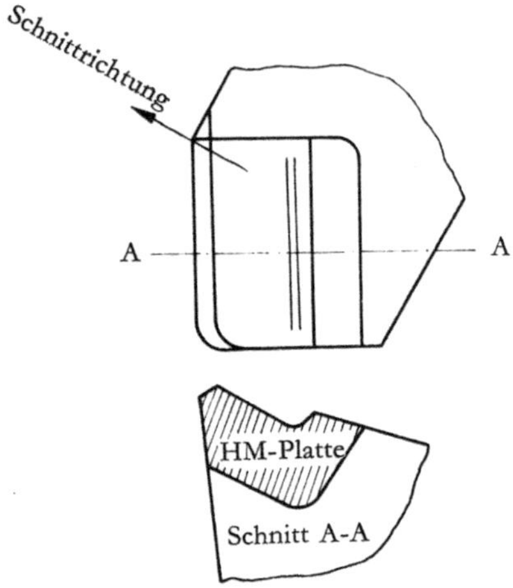

Abb. 38 Sonderanschliff des Werkzeuges
Nach Hoshi [15]

3.3 Einfluß von Schneidstoff und Werkstoff auf Aufbauschneidenbildung

Nachdem bisher die Aufbauschneidenbildung für Stahl bei verschiedenen Schnittbedingungen eingehend untersucht wurde und die für die Aufbauschneidenbildung charakteristischen Kenngrößen und Bedingungen ermittelt wurden, sollten weitere Untersuchungen dazu beitragen, die Bedingungen für das Auftreten dieser für die Zerspanbarkeit wichtigen Erscheinung auch bei verschiedenen Werkstoffen und Schneidstoffen zu ermitteln. Der Nachweis von Aufbauschneiden erfolgte dabei durch direktes Beobachten der Spanentstehungsstelle. Die bereits beschriebene Art der Schnittunterbrechung war für die Untersuchung der Spanentstehungsstelle gut geeignet. Bei Verwendung anderer Schneidstoffe, wie Diamant oder Schneidkeramik, konnte diese Methode allerdings nicht angewendet werden. In diesem Falle wurde eine Vorrichtung entwickelt, wie sie in Abb. 39 dargestellt ist. Der auf einem Zapfen drehbar gelagerte Meißel ist durch einen Scherstift gegen Drehung gesichert. Durch einen Schlag auf einen Bolzen wird der Stift abgeschert und der Meißel sehr schnell außer Schnitt gebracht. Wie Kontrollversuche mit Hartmetall zeigten, reichte diese Vorrichtung im mittleren Schnittgeschwindigkeitsbereich aus, um keine Verfälschung der Ergebnisse durch Nachschneiden des Werkzeuges zu verursachen.
Folgende Werkstoffe wurden hinsichtlich Aufbauschneidenbildung untersucht: Messing, Aluminium und Stahl, und zwar unter Verwendung von Schneidstoffen wie Schnellarbeitsstahl, Hartmetall, Schneidkeramik und Diamant. Zu diesem

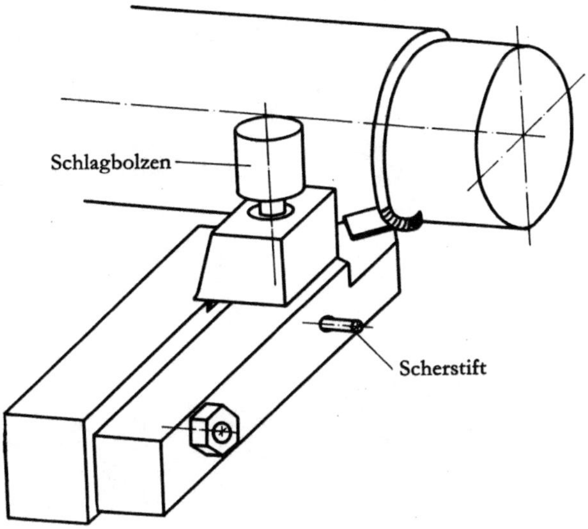

Abb. 39 Vorrichtung zur Schnittunterbrechung

Zweck wurde in Stichversuchen zunächst festgestellt, welche Art der Spanbildung bei verschiedenen Schnittbedingungen vorliegt. Da Aufbauschneidenbildung nur oberhalb des Bereiches der Scherspanbildung erfolgt, konnten die für die Untersuchungen erforderlichen Schnittgeschwindigkeiten an Hand der Spanbildung festgelegt werden.

a) Messing Ms 58

Bei der Zerspanung von Messing Ms 58 mit Schnellarbeitsstahl des Legierungstyps ABC III war im Schnittgeschwindigkeitsbereich von 10 bis 250 m/min bei einem Spanungsquerschnitt $a \cdot s = 2 \cdot 0{,}25$ mm² nur Scherspanbildung festzustellen. Aufbauschneiden konnten demnach nicht entstehen. Wie die metallographische Untersuchung einer Spanentstehungsstelle zeigt, treten tatsächlich keine Aufbauschneiden auf. Die Spanwurzel in Abb. 40 gibt einen mit Schnellarbeitsstahl erzeugten Scherspan wieder. Für Hartmetall der Zerspanungsanwendungsgruppe K 10 und für Schneidkeramik ergaben sich ähnliche Verhältnisse.

Im Gegensatz dazu zeigen die mit Diamant als Schneidstoff hergestellten Spanwurzeln bereits bei niedrigen Schnittgeschwindigkeiten Fließspancharakter. Wie Abb. 41 wiedergibt, treten allerdings auch bei niedrigen Schnittgeschwindigkeiten keine Aufbauschneiden auf. Bei allen Schneidstoffen und unter sämtlichen Schnittbedingungen werden also bei Messing Ms 58 keine Aufbauschneiden beobachtet. Daß bei diesem Werkstoff die Bildung von Aufbauschneiden unterbleibt, ließen bereits Beobachtungen über die erreichbaren Oberflächenqualitäten vermuten. Es hat sich nämlich auch in der allgemeinen Zerspanungspraxis immer wieder gezeigt, daß selbst bei niedrigen Schnittgeschwindigkeiten gute Oberflächen an Werkstücken aus Messing entstehen.

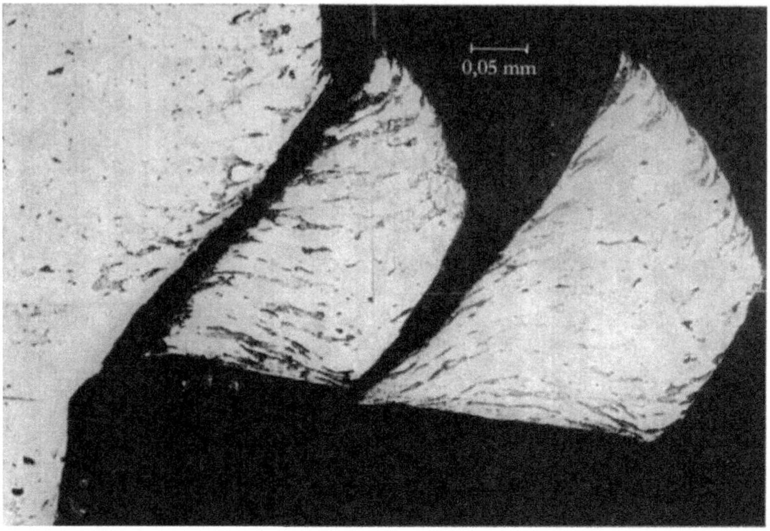

Abb. 40 Spanentstehungsstelle

Werkstoff:	Ms 58
Schneidstoff:	SS ABC III
Schnittgeschwindigkeit:	v = 40 m/min
Spanungsquerschnitt:	$a \cdot s = 2 \cdot 0{,}25\ mm^2$

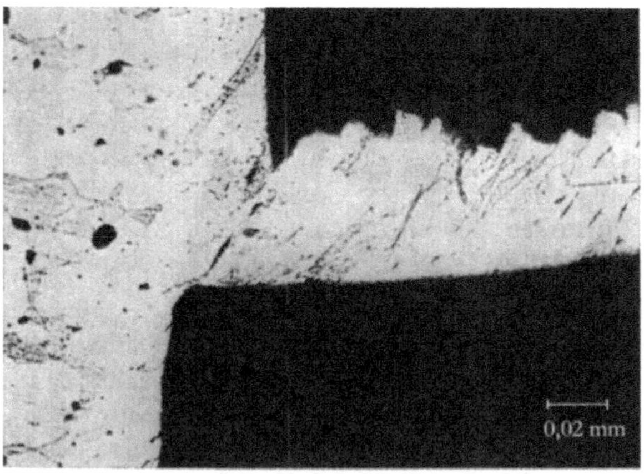

Abb. 41 Spanentstehungsstelle

Werkstoff:	Ms 58
Schneidstoff:	Diamant
Schnittgeschwindigkeit:	v = 40 m/min
Spanungsquerschnitt:	$a \cdot s = 0{,}3 \cdot 0{,}023\ mm^2$

b) Aluminium GK–AlMg 5

In jüngster Zeit wurde von BECH [26] die Aufbauschneidenbildung bei Aluminiumwerkstoffen sehr eingehend untersucht. Bei verschiedenen Aluminiumlegierungen tritt die Aufbauschneidenbildung im Schnittgeschwindigkeitsbereich unter 100 m/min in Erscheinung. Dabei wächst die Höhe der Aufbauschneiden mit abnehmender Schnittgeschwindigkeit bis zu der beträchtlichen Höhe von 0,6 mm (Abb. 42). Ähnlich wie bei Stahl handelt es sich bei diesen Aufbauschneiden um Material des Werkstückes, das sich auf dem Werkzeug festgesetzt hat. Durch den Schnittdruck während der Zerspanung hat sich das Aluminium gegenüber dem Grundmaterial verfestigt. Wie Mikrohärtemessungen an Spanwurzeln aus Aluminium zeigen, tritt die größte Härtezunahme dicht unterhalb der Spitze der Aufbauschneide auf, die noch fest mit dem Werkstück bzw. dem Span in Kontakt steht (Abb. 43). Eine Verschleißwirkung von Aufbauschneiden auf Hartmetallwerkzeuge konnte nicht festgestellt werden. Die relativ geringe Verschleißwirkung der vorliegenden Aluminiumlegierung auf Hartmetallwerkzeug, die Stundenschnittgeschwindigkeit v_{60} beträgt etwa 600–800 m/min, gestattet es nicht, diesen Einfluß näher zu untersuchen.

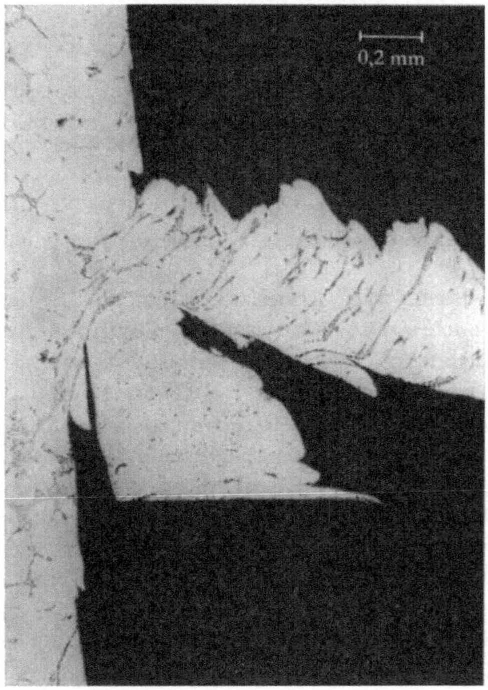

Abb. 42 Spanentstehungsstelle

Werkstoff:	GK – AlMg 5
Schneidstoff:	HM K 10
Schnittgeschwindigkeit:	v = 50 m/min
Spanungsquerschnitt:	$a \cdot s = 2 \cdot 0{,}25$ mm²

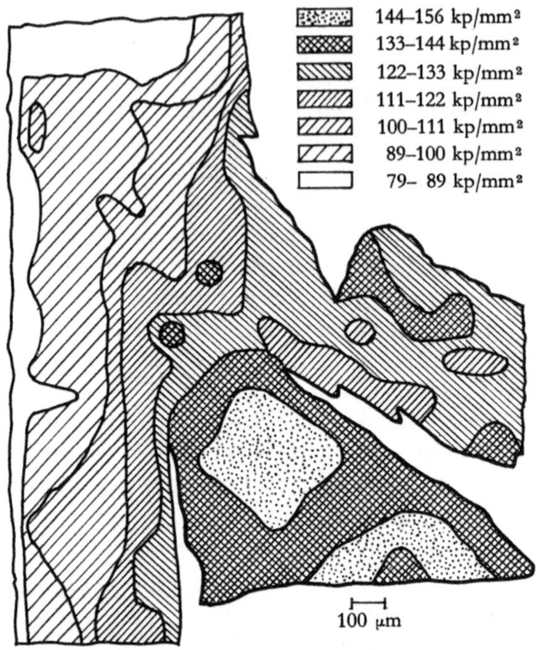

Werkstoff: GK–AlSi 10 Mg a
Schneidstoff: HM K 10
Schneidengeometrie:

α	γ	λ	K	ε	r
8°	0°	0°	90°	86°	0,5 mm

Schnittgeschwindigkeit:
v = 10 m/min
Spanungsquerschnitt:
$a \cdot s = 2{,}5 \cdot 0{,}2\ mm^2$

Abb. 43 Härteverteilung in einer Aufbauschneide aus Aluminium

Auch bei der Bearbeitung mit Schnellarbeitsstahl des Legierungstypes ABC III konnten Aufbauschneiden beobachtet werden. So erfolgte, wie aus Abb. 44 hervorgeht, die Spanabnahme bei einer Schnittgeschwindigkeit von 60 m/min und einem Spanungsquerschnitt $a \cdot s = 2 \cdot 0{,}25\ mm^2$ durch eine Aufbauschneide. Auch bei der Verwendung von Schneidkeramik als Schneidstoff entstehen bei den gleichen Schnittbedingungen Aufbauschneiden auf dem Werkzeug (Abb. 45).
Der Nachweis einer Aufbauschneidenbildung während der Zerspanung von Aluminium mit Diamant bei einer Schnittgeschwindigkeit von 60 m/min und einem Spanungsquerschnitt von $a \cdot s = 0{,}3 \cdot 0{,}023\ mm^2$ war durch eine Untersuchung der Spanwurzeln möglich (Abb. 46). Allerdings ist die Aufbauschneide wegen des geringen Spanungsquerschnittes in diesem Fall sehr klein. Die Länge ist, wie bei Aluminium oft beobachtet werden konnte, sehr gering im Vergleich zur Höhe. Die in diesem Fall an der Spanunterseite und der Schnittfläche zu beobachtenden typischen zackenförmigen Erhebungen oder Schuppen weisen ebenfalls eindeutig auf das Vorhandensein einer Aufbauschneide hin.
Die Versuche haben damit ergeben, daß auch bei Aluminium in einem bestimmten Schnittgeschwindigkeitsbereich mit verschiedenen Spanungsquerschnitten Aufbauschneiden auftreten können.

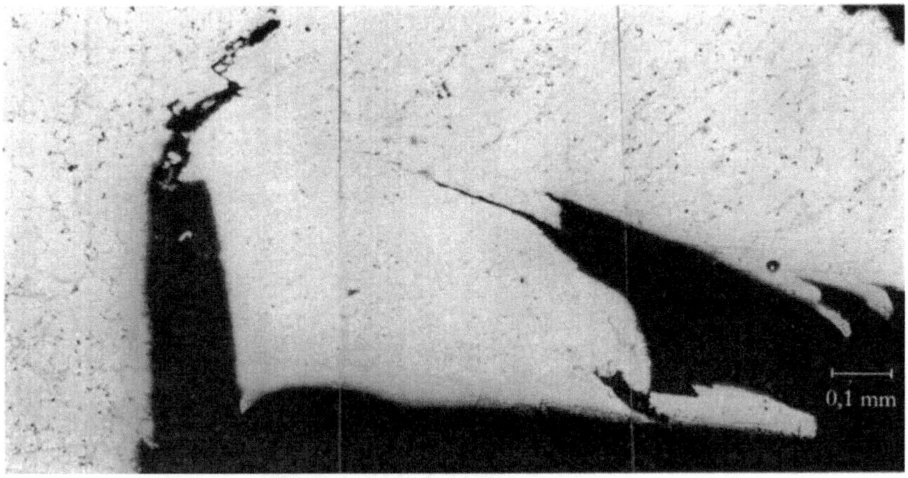

Abb. 44 Spanentstehungsstelle
Werkstoff: GK – AlMg 5
Schneidstoff: SS ABC III
Schnittgeschwindigkeit: v = 60 m/min
Spanungsquerschnitt: $a \cdot s = 2 \cdot 0{,}25\ mm^2$

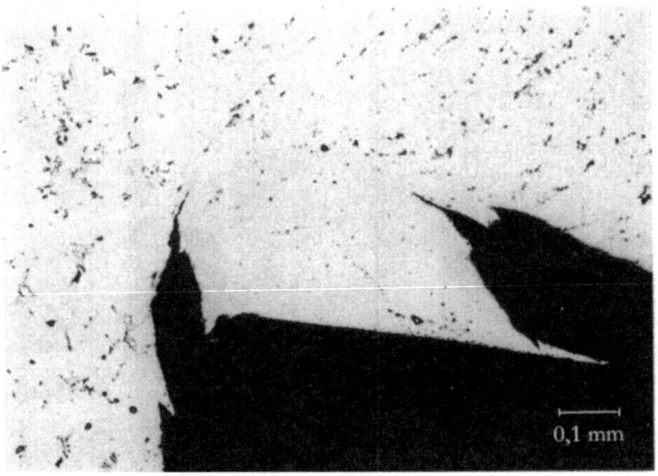

Abb. 45 Spanentstehungsstelle
Werkstoff: GK – AlMg 5
Schneidstoff: Schneidkeramik
Schnittgeschwindigkeit: v = 60 m/min
Spanungsquerschnitt: $a \cdot s = 2 \cdot 0{,}25\ mm^2$

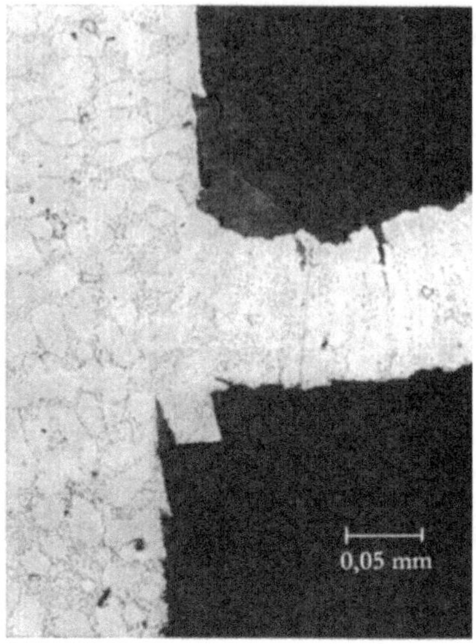

Abb. 46 Spanentstehungsstelle

Werkstoff:	G – AlSiMg 10
Schneidstoff:	Diamant
Schnittgeschwindigkeit:	v = 60 m/min
Spanungsquerschnitt:	$a \cdot s = 0{,}3 \cdot 0{,}023\ mm^2$

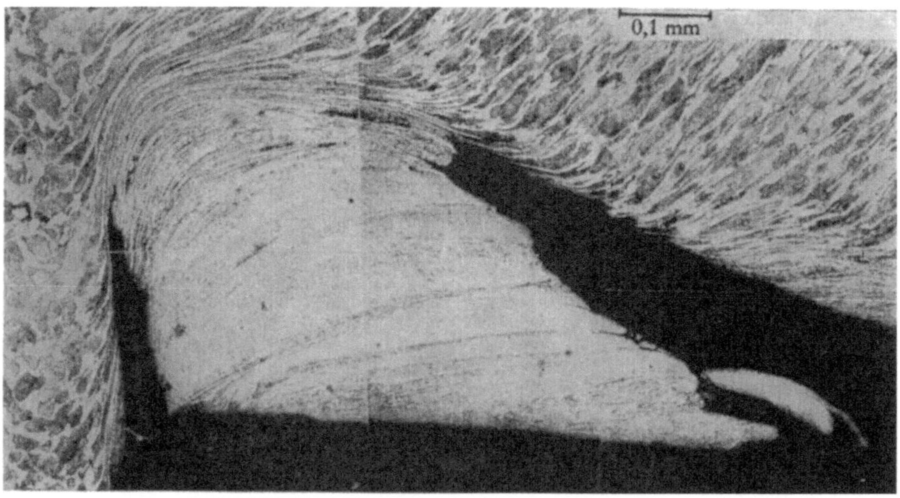

Abb. 47 Spanungsentstehungsstelle

Werkstoff:	Ck 53 N
Schneidstoff:	SS ABC III
Schnittgeschwindigkeit:	v = 20 m/min
Spanungsquerschnitt:	$a \cdot s = 2 \cdot 0{,}25\ mm^2$

c) Stahl Ck 53, Ck 35, Ck 15

Die Schnittbedingungen für die Bearbeitung von Stahl unter Bildung von Aufbauschneiden, insbesondere für den Stahl Ck 53, wurden bereits ausführlich beschrieben. Beim gleichen Werkstoff wurden auch Aufbauschneiden auf den Werkzeugen beobachtet, wenn dieser mit Schnellarbeitsstahl, Keramik oder Diamant bearbeitet wurde. Die Abb. 47 zeigt die Aufbauschneide, die bei der Bearbeitung von Ck 53 mit Schnellarbeitsstahl des Typs ABC III entstand. Aussehen, Gefüge und Härte dieser Aufbauschneiden gleichen denjenigen, wie sie unter den gleichen Schnittbedingungen bei Verwendung von Hartmetallwerkzeugen auftreten.
Bei Schneidkeramik war die Aufbauschneide ähnlich ausgebildet. Die Abb. 48 zeigt als Beispiel eine Aufbauschneide bei niedrigen Schnittgeschwindigkeiten auf einem Keramikwerkzeug. In diesem Fall erkennt man, daß auf der Spanunterseite soeben ein größeres Stück derAufbauschneide mit fortgerissen wurde. Die Höhe der Aufbauschneide erscheint aus diesem Grund relativ gering zu sein. Auf der Freifläche des Werkzeuges hat sich außerdem ein etwas längerer Ansatz gebildet, dessen Entstehung jedoch mehr zufällig sein dürfte.
In Abb. 49 ist eine Spanwurzel von Stahl Ck 53 bei der Bearbeitung mit Diamant dargestellt. Die Schnittgeschwindigkeit betrug im vorliegenden Fall 20 m/min, der Spanungsquerschnitt $a \cdot s = 0{,}3 \cdot 0{,}023$ mm². Die Abbildung zeigt deutlich, daß es sich bei den genannten Schnittbedingungen um eine Zerspanung im Fließspanbereich mit Aufbauschneiden handelt. Ähnlich wie bei Aluminium kann demnach auch bei der Zerspanung von Stahl festgestellt werden, daß in einem bestimmten Schnittgeschwindigkeitsbereich bei verschiedenen Spanungsquerschnitten und unterschiedlichen Schneidstoffen eine Aufbauschneide auftritt.
Die Bearbeitung von Stahl Ck 53 mit verschiedenen Hartmetallqualitäten ließ keine Unterschiede in der Aufbauschneidenbildung erkennen. Bei allen untersuchten Hartmetallsorten der Qualitäten P 10, P 30, P 40 und K 40 entstanden bei der spanabhebenden Bearbeitung von Stahl mit niedrigen Schnittgeschwindigkeiten Aufbauschneiden auf dem Werkzeug. Der Freiflächenverschleiß der Werkzeuge bei verschiedenen Schnittgeschwindigkeiten zeigt diese Erscheinung sehr deutlich (Abb. 50). Besonders stark war der Werkzeugverschleiß bei der Bearbeitung mit den harten und spröden Hartmetallsorten. Um ein vorzeitiges Ausbrechen derWerkzeuge zu vermeiden, mußten in diesem Falle die bei der Erstellung der Verschleiß-Schnittgeschwindigkeitskurven angewendeten Schnittzeiten um die Hälfte gekürzt werden. Der Verschleiß ist nämlich in diesem Fall im Maximum der V-v-Kurve besonders hoch. Eine Verschiebung der charakteristischen Schnittgeschwindigkeiten zu höheren oder niedrigeren Werten konnte bei den verschiedenen Hartmetallsorten nicht beobachtet werden. Unabhängig von der jeweils verwendeten Sorte lagen die größten Aufbauschneiden bei dem gewählten Spanungsquerschnitt bei einer Schnittgeschwindigkeit von etwa 18 bis 20 m/min, während bei Geschwindigkeiten über 40 m/min keine Aufbauschneiden mehr auftraten.
Die Verhältnisse, wie sie beim Stahl Ck 53 beobachtet wurden, lassen sich auch auf die Verhältnisse bei der spanabhebenden Bearbeitung anderer Kohlenstoff-

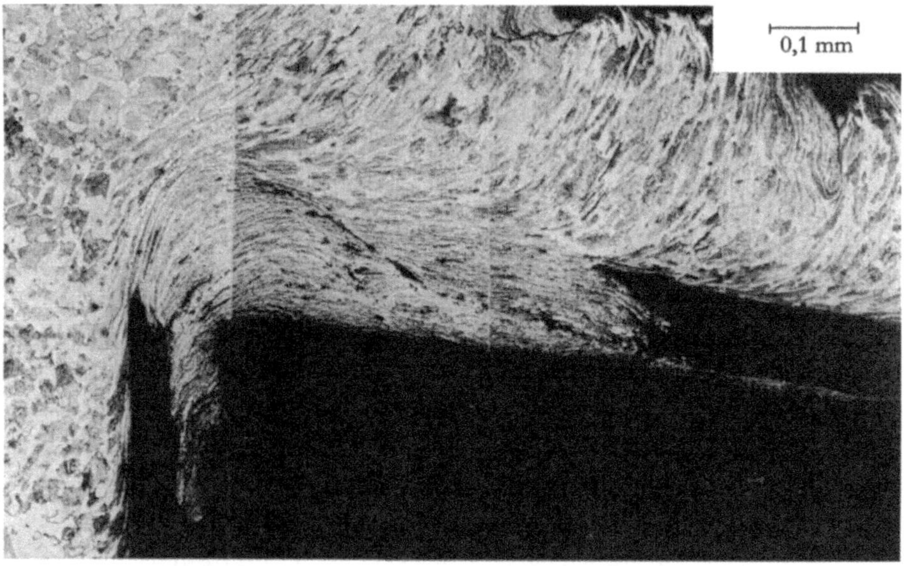

Abb. 48 Spanentstehungsstelle
Werkstoff: Ck 53 N
Schneidstoff: Schneidkeramik
Schnittgeschwindigkeit: v = 20 m/min
Spanungsquerschnitt: $a \cdot s = 2 \cdot 0{,}25\ mm^2$

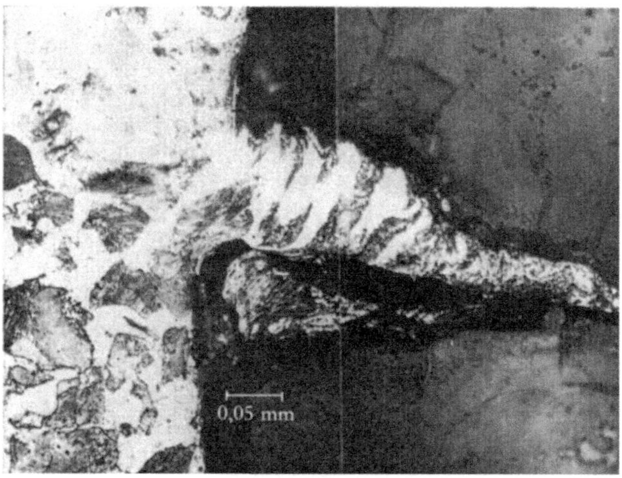

Abb. 49 Spanentstehungsstelle
Werkstoff: Ck 53 N
Schneidstoff: Diamant
Schnittgeschwindigkeit: v = 20 m/min
Spanungsquerschnitt: $a \cdot s = 0{,}3 \cdot 0{,}023\ mm^2$

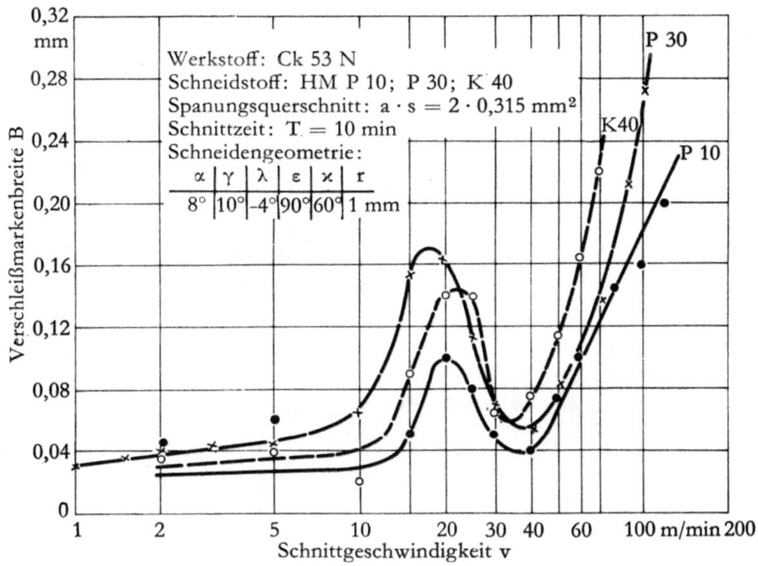

Abb. 50 Verschleiß-Schnittgeschwindigkeitskurven für verschiedene Hartmetallsorten

stähle übertragen. Nur muß berücksichtigt werden, daß wegen der geringeren Festigkeiten andere Reibungsverhältnisse zwischen Werkstück und Werkzeug auftreten. Damit könnten sich wegen der unterschiedlichen Schnittemperaturen die Bedingungen für die Aufbauschneidenbildung entsprechend verschieben. Prinzipiell bestehen aber keine Unterschiede, wie die Abb. 51 und 52 wiedergeben.
Sowohl bei Stahl Ck 35 als auch bei Stahl Ck 15 konnten im unteren Schnittgeschwindigkeitsbereich Aufbauschneiden auf den Werkzeugen beobachtet werden. Form und Aussehen der Aufbauschneiden sind bei allen Werkstoffen gleich. Nur in der Härte und im Gefüge unterscheiden sich diese Aufbauschneiden durch je nach Kohlenstoffgehalt mehr oder weniger großen Anteil von Ferrit.
Das Auftreten der Aufbauschneiden bei den verschiedenen Kohlenstoffstählen in Abhängigkeit von Schnittbedingungen spiegeln die entsprechenden Verschleiß-Schnittgeschwindigkeitskurven in Abb. 53 wieder. Bei den Stählen mit niedrigem Kohlenstoffgehalt treten die größten Aufbauschneiden erst bei wesentlich höheren Schnittgeschwindigkeiten auf als bei Stählen mit mittlerem oder hohem Kohlenstoffgehalt. Aus den drei Verschleiß-Schnittgeschwindigkeitskurven läßt sich ein Diagramm entwickeln, in dem die Schnittgeschwindigkeitswerte für die stärkste Aufbauschneidenbildung und für das Verschwinden der Aufbauschneiden in Abhängigkeit vom Kohlenstoffgehalt aufgezeichnet sind. Man erkennt in Abb. 54 wie bereits geschildert, daß sich diese Schnittgeschwindigkeiten mit zunehmendem Kohlenstoffgehalt der Stähle zu niedrigeren Werten verlagern. Diese Erscheinung dürfte zum Teil auf die bei den schwach gekohlten Stählen – die auch die geringeren Festigkeiten aufweisen – unter gleichen Schnittbedingungen niedrigeren

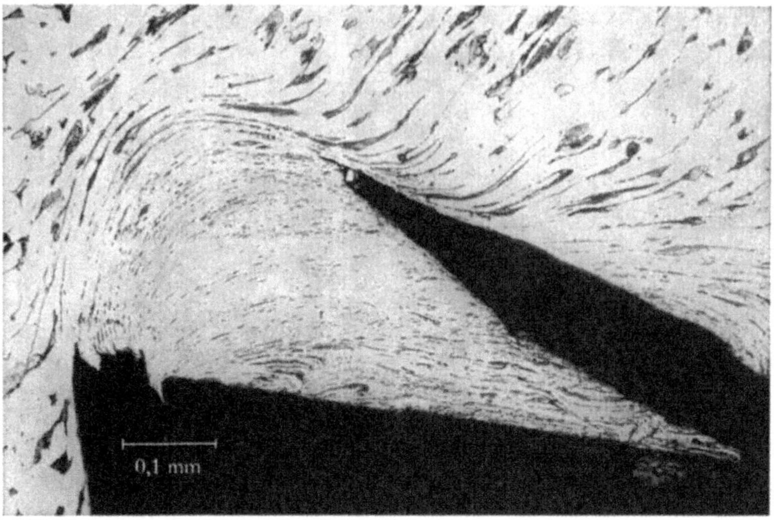

Abb. 51 Spanentstehungsstelle

Werkstoff:	Ck 15 BG
Schneidstoff:	HM P 30
Schnittgeschwindigkeit:	v = 20 m/min
Spanungsquerschnitt:	$a \cdot s = 2 \cdot 0{,}315\ mm^2$

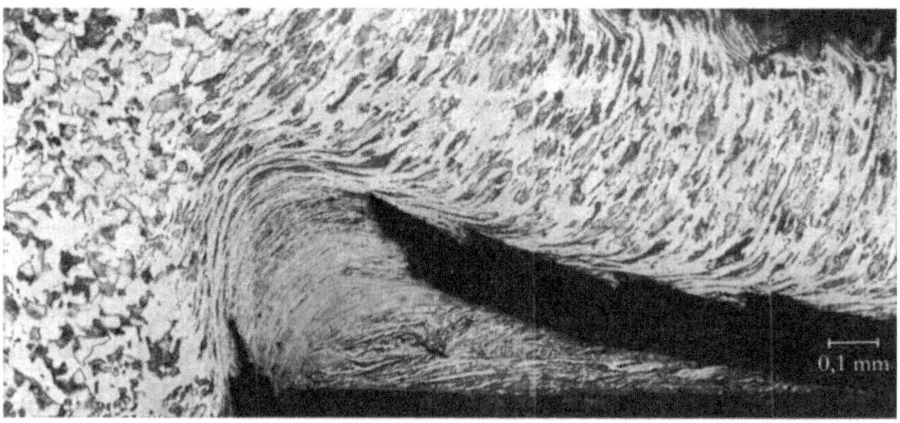

Abb. 52 Spanentstehungsstelle

Werkstoff:	Ck 35 N
Schneidstoff:	HM P 30
Schnittgeschwindigkeit:	v = 20 m/min
Spanungsquerschnitt:	$a \cdot s = 2 \cdot 0{,}315\ mm^2$

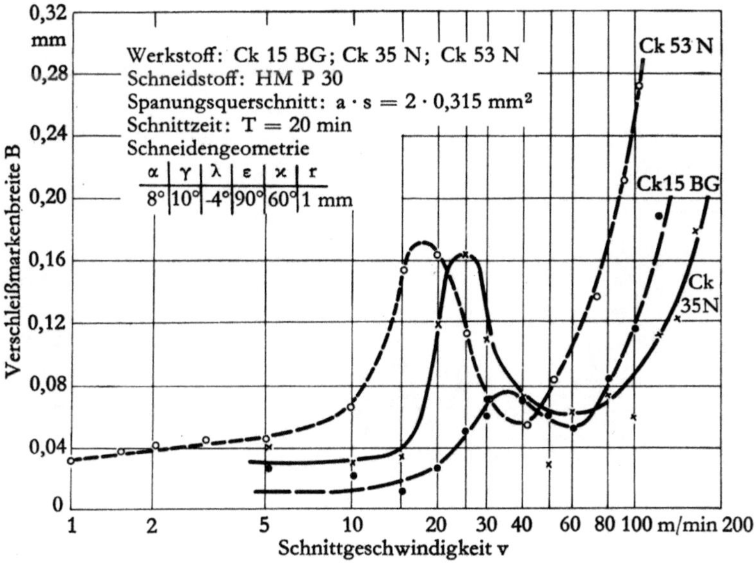

Abb. 53 Verschleiß-Schnittgeschwindigkeitskurven für Stähle mit unterschiedlichem Kohlenstoffgehalt

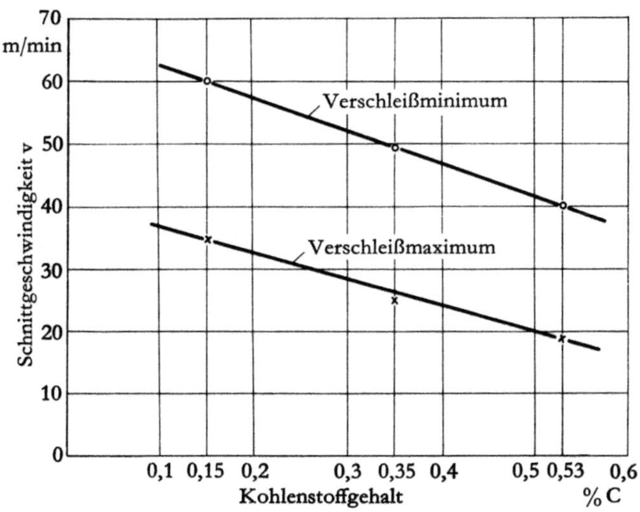

Abb. 54 Maxima und Minima des Verschleißes in Abhängigkeit vom Kohlenstoffgehalt

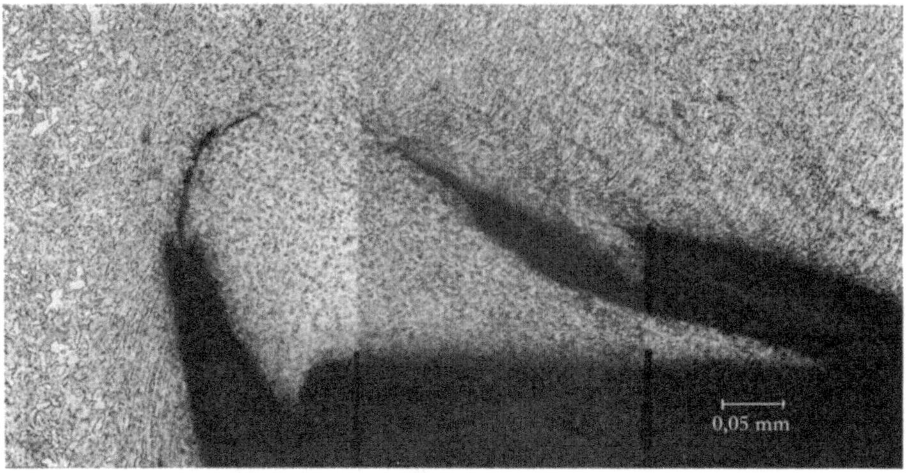

Abb. 55 Spanentstehungsstelle

Werkstoff:	Ck 45, vergütet (820^0 C/Wasser, 1^h 450° C)
Schneidstoff:	SS ABC III
Schnittgeschwindigkeit:	v = 10 m/min
Spanungsquerschnitt:	a · s = 1,5 · 0,25 mm^2

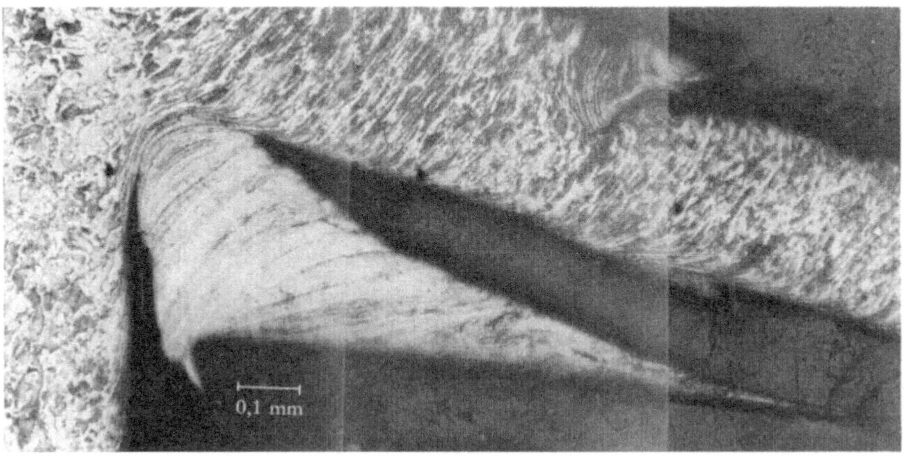

Abb. 56 Spanentstehungsstelle

Schneidstoff:	SS ABC III
Werkstoff:	Ck 45 (860° C/Luft)
Schnittgeschwindigkeit:	v = 20 m/min
Spanungsquerschnitt:	a · s = 1,5 · 0,25 mm^2

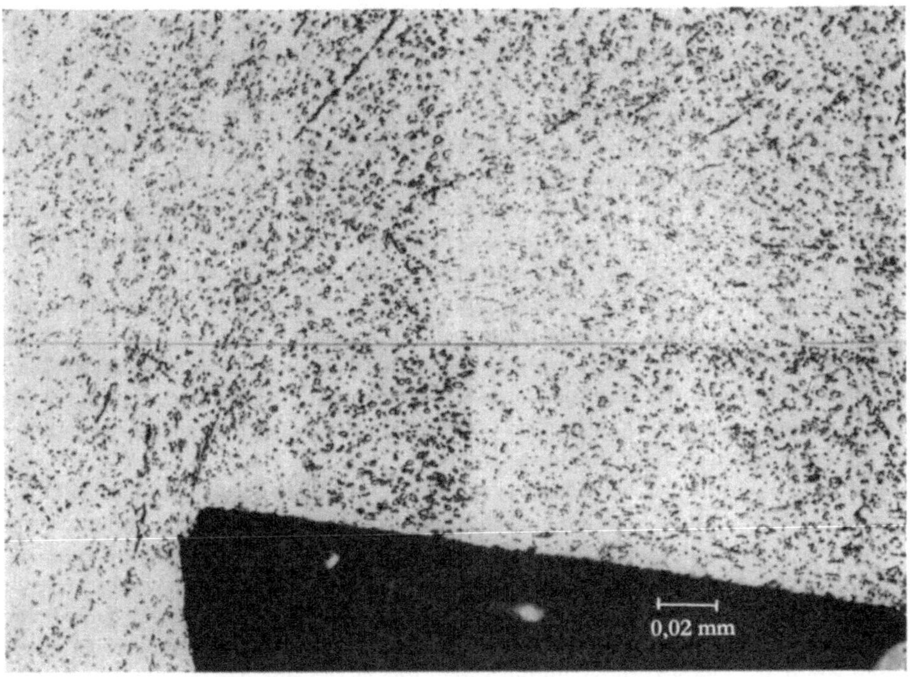

Abb. 57	Spanentstehungsstelle	
	Werkstoff:	Ck 45, weichgeglüht/Pendelglühen um 720° C (nach Vergütung)
	Schneidstoff:	HM P 20
	Schnittgeschwindigkeit:	v = 25 m/min
	Spanungsquerschnitt:	$a \cdot s = 1{,}5 \cdot 0{,}25\ mm^2$

Schnittemperaturen zurückzuführen sein. Dadurch treten die für das Zurückgehen der Aufbauschneidenbildung verantwortlichen Temperaturen erst bei höheren Schnittgeschwindigkeiten auf als bei den Stählen mit höherem Kohlenstoffgehalt.

Über den Einfluß des Gefüges auf die Aufbauschneidenbildung konnten einige Untersuchungen durchgeführt werden. Bei allen Gefügezuständen des Stahles bilden sich auf Hartmetall- und Schnellarbeitsstahlwerkzeugen Aufbauschneiden. In ihrer Form, Größe und Art unterscheiden sich diese Aufbauschneiden bei vergütetem Stahl Ck 45 (820° C/Wasser, 1^h 450° C) (Abb. 55) nur geringfügig von den Aufbauschneiden bei ferritisch-perlitischem Stahl Ck 45 (860° C/Luft) (Abb. 56) oder weichgeglühtem Stahl Ck 45 (Pendelglühen um 720° C nach Vergütung) mit eingeformten Karbiden (Abb. 57).

d) Austenitischer Stahl

Ob neben den Schnittemperaturen auch noch speziell gewisse einzelne Gefügeanteile für die Bildung der Aufbauschneiden maßgebend sind, sollte durch weitere Versuche geklärt werden. Auf Grund allgemeiner Beobachtungen bei der spanabhebenden Bearbeitung von Stahl ist man nämlich geneigt, das Auftreten von Aufbauschneiden dann als besonders intensiv zu beurteilen, wenn Stähle mit hohem Ferritgehalt bearbeitet werden. Die Verschiebung der die Aufbauschneidenbildung kennzeichnenden Schnittgeschwindigkeiten zu höheren Werten könnte demnach auch teilweise durch den höheren Ferritgehalt der niedrig gekohlten Stähle verursacht werden. Sollte ein solcher Einfluß vorhanden sein, so müßte sich bei der spanabhebenden Bearbeitung nichtferrithaltiger Stähle die Aufbauschneidenbildung wesentlich verändern. Es wurden deshalb einige austenitische Stähle bei niedrigen und hohen Schnittgeschwindigkeiten zerspant und die Spanbildung beobachtet. Dabei kann man zunächst die überraschende Beobachtung machen, daß trotz öfteren Verklebens oder Verschweißens großer Spanteile auf den Hartmetallwerkzeugen die Oberflächen der bearbeiteten Werkstücke ein glattes und glänzendes Aussehen haben. Dies tritt auch im Bereich niedriger Schnittgeschwindigkeiten in Erscheinung.

Von zwei austenitischen Stählen wurden Verschleiß-Schnittgeschwindigkeitskurven über einen größeren Schnittgeschwindigkeitsbereich aufgenommen (Abb. 58). Auch hier ließ sich als Besonderheit beobachten, daß diese Verschleiß-Schnittgeschwindigkeitskurven keine Maxima und Minima aufwiesen wie die ferritisch-perlitischen Stähle. Bei jeweils gleicher Schnittzeit steigt der Freiflächenverschleiß der Hartmetallwerkzeuge mit der Schnittgeschwindigkeit etwa hyperbelförmig an. Diese Untersuchungsergebnisse lassen nur den Schluß zu, daß bei der spanabhebenden Bearbeitung von austenitischem Stahl im allgemeinen keine Aufbauschneiden im Sinne der bei ferritisch-perlitischen Stählen beobachteten stationären Form auftreten. Metallographische Untersuchungen der Spanentstehungsstelle bestätigten diesen Befund. Die in Abb. 59 abgebildeten Spanwurzeln zeigen deutlich, daß selbst bei niedrigen Schnittgeschwindigkeiten bei austenitischen Stählen keine stationären Aufbauschneiden entstehen. Wie beim

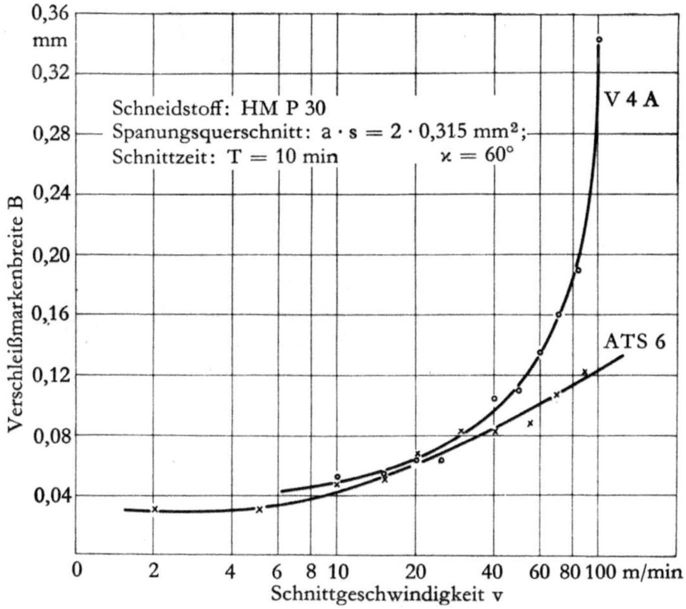

Abb. 58 Verschleiß-Schnittgeschwindigkeitskurven austenitischer Stähle

ferritisch-perlitischen Stahl tritt auch hier eine gut sichtbare Scherzone auf, in der das Werkstückmaterial zum Span umgeformt wird. Lediglich am Ende der Kontaktzone zwischen Span und Werkzeug beobachtet man öfter mit dem Hartmetall verschweißtes oder verklebtes Werkstückmaterial, welches aber nicht die Form einer Aufbauschneide besitzt. Unmittelbar an der Schneide und an der Kontaktzone des Spanes auf der Spanfläche berührt der ablaufende Span direkt das Werkzeug. Darüber hinaus konnten auf der Schnittfläche am Werkstück und auf der Spanunterseite die sonst untrennbar mit der Aufbauschneidenbildung verbundenen Schuppen bzw. Teilchen der Aufbauschneide nicht festgestellt werden; ein Zeichen dafür, daß während der Spanabnahme keine stationären Aufbauschneiden entstanden waren.

Die Untersuchungen der Aufbauschneidenbildung bei der spanabhebenden Bearbeitung verschiedener Werkstoffe mit unterschiedlichen Werkzeugen dürften damit gezeigt haben, daß das Phänomen der Aufbauschneidenbildung nicht vom Werkzeug, sondern allein vom Werkstoff abhängig sein muß. Bestimmte noch nicht bekannte Eigenschaften des Werkstoffes müssen dafür verantwortlich sein, daß sich auf dem Werkzeug ein dauerhafter Staukörper bildet, der als Schneidkeil dient und dabei den eigenen Werkstoff spanabhebend bearbeiten kann.

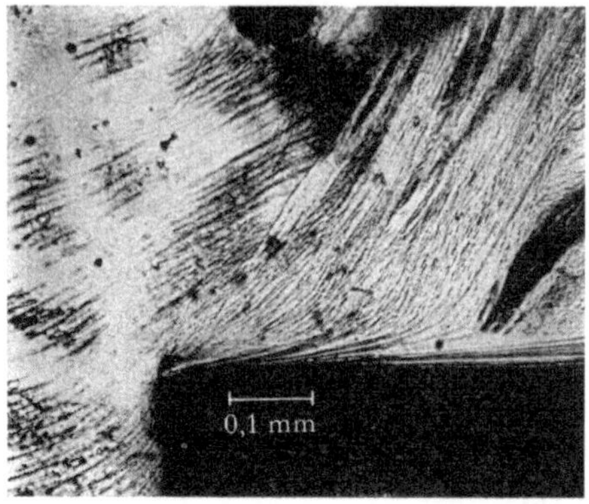

v = 15 m/min

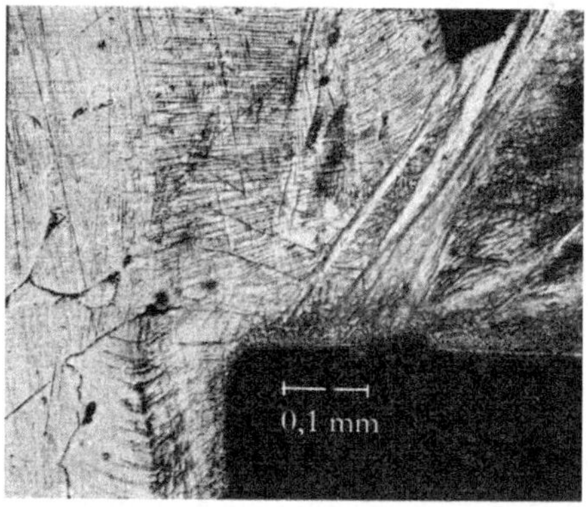

v = 30 m/min

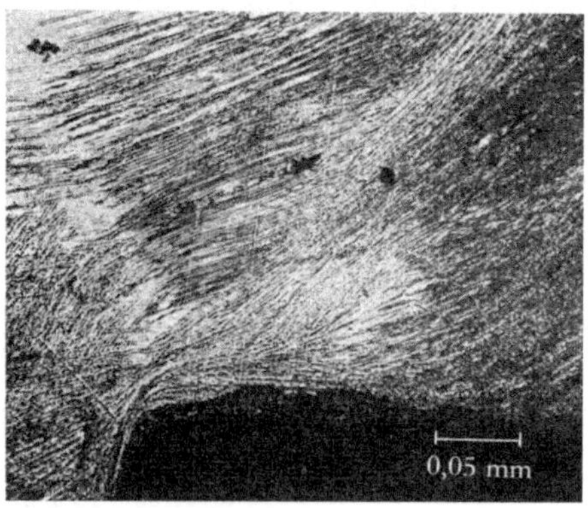

v = 40 m/min

Abb. 59 Spanentstehungsstellen an austenitischem Stahl
Werkstoff: V 4 A
Schneidstoff: SS ABC III
Spanungsquerschnitt: $a \cdot s = 1 \cdot 0{,}25\ mm^2$

3.4 Auswirkung von Kühlung und Schmierung auf die Aufbauschneidenbildung

Die bisher durchgeführten Untersuchungen über die Einflüsse auf die Aufbauschneidenbildung beschränkten sich allein auf die Verhältnisse beim Trockenschnitt. Wie sich dagegen die Aufbauschneiden verändern, wenn während der spanabhebenden Bearbeitung Kühl- oder Schmiermittel zugegeben werden, war in weiteren Versuchen zu klären.
Es hatte sich gezeigt, daß die Aufbauschneidenbildung im wesentlichen von zwei Faktoren abhängig ist, und zwar

1. vom bearbeiteten Werkstoff,
2. von der Schnittemperatur.

Bei der Verwendung von Schneidflüssigkeiten ist eine Beeinflussung der Schnitttemperatur durch Kühlung und Schmierung zu erwarten. In ersterem Falle wird die an der Schnittstelle durch Reibung und Verformung entstehende Wärme durch das Kühlmittel direkt abgeführt. Im zweiten Fall entsteht durch verminderte Reibung weniger Wärme und damit eine geringere Schnittemperatur. Sowohl ein Kühl- als auch ein Schmiereffekt können also die Schnittemperatur vermindern. Ein Einfluß von Kühlung und Schmierung auf die Aufbauschneidenbildung ist deshalb leicht vorstellbar.
Ein Vergleich zweier Verschleiß-Schnittgeschwindigkeitskurven (Abb. 60), von denen die eine unter Anwendung eines Kühl- und Schmiermittels und die andere im Trockenschnitt ermittelt wurden, läßt diesen Einfluß deutlich erkennen. Während beim Trockenschnitt sich bei einer Schnittgeschwindigkeit von 18 m/min ein deutliches Verschleißmaximum auf Grund der Aufbauschneidenbildung er-

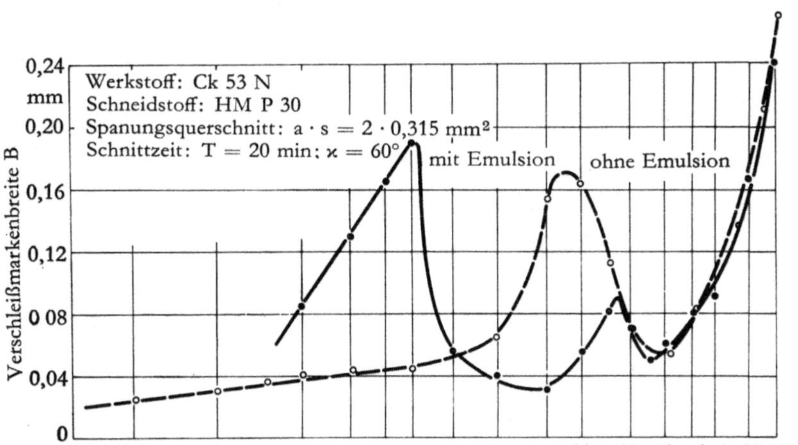

Abb. 60 Vergleich zweier Verschleiß-Schnittgeschwindigkeitskurven im Trockenschnitt und bei Anwendung eines Kühl- und Schmiermittels

gibt, verschiebt sich dieser kennzeichnende Punkt bei Benutzung von Emulsion (Öl : Wasser = 1:50) zu Schnittgeschwindigkeiten von 28 m/min. Dabei nimmt außerdem die Höhe des Verschleißmaximums deutlich ab. Auch die Schnittgeschwindigkeitswerte für das Verschleißminimum verschieben sich in ähnlicher Weise. Durch die Kühlwirkung der zugegebenen Schneidflüssigkeit verlagerten sich also die für die Aufbauschneidenbildung maßgebenden Temperaturen zu höheren Schnittgeschwindigkeiten. Gleichzeitig dürften auch noch wesentliche Veränderungen in der Temperaturverteilung im Span und Werkzeug aufgetreten sein, die sich ebenfalls auf die Aufbauschneidenbildung und insbesondere auf die absolute Verschleißgröße, z. B. im Verschleißmaximum, ausgewirkt haben. Durch Verwendung von Schneidflüssigkeiten gelingt es unter bestimmten Bedingungen, nämlich bei Aufbauschneidenbildung, den am Hartmetallwerkzeug auftretenden Verschleiß herabzusetzen. Bei höheren Schnittgeschwindigkeiten allerdings, bei denen keine Aufbauschneiden auftreten, ist bei Hartmetallwerkzeugen, wie Abb. 60 zeigt, keine Beeinflussung des Verschleißverlaufes durch Kühlschmiermittel gegenüber dem Trockenschnitt mehr festzustellen.
Auffallend ist in Abb. 60 noch, daß bei der Kühlung mit Emulsion während der Zerspanung im unteren Schnittgeschwindigkeitsbereich ein weiteres Verschleißmaximum beobachtet werden konnte. Die nähere Untersuchung des Spanbildes und der Spanentstehungsstellen zeigte, daß diese Erscheinung nicht mit der Aufbauschneidenbildung im Zusammenhang steht. Bis zu diesem ersten Verschleißmaximum nämlich reicht bei der Verwendung von Emulsion der Bereich der Scherspanbildung. Im Trockenschnitt beginnen dagegen die ersten Übergänge von Scherspan zum Fließspan bereits bei Schnittgeschwindigkeiten unter 1 m/min. Da der Verschleiß von Hartmetalldrehwerkzeugen bei Scherspanbildung in erster Linie von der Schnittlänge abhängig ist [21], wird der spezifische Verschleiß pro Zeiteinheit besonders hoch, falls unter besonderen Umständen ein Scherspan noch bei höheren Schnittgeschwindigkeiten auftreten kann. Durch den beim Benutzen von Kühlmitteln schroffen Übergang vom Scherspan zum Fließspan mit Aufbauschneiden entsteht ein ausgeprägtes Verschleißmaximum, da der spezifische Verschleiß bei Aufbauschneidenbildung in diesem Schnittgeschwindigkeitsbereich kleiner ist als der bei Scherspanbildung. Für die Untersuchung der Aufbauschneidenbildung ist diese Erscheinung nur insofern von Interesse, als sich damit zeigt, daß auch der Beginn der Aufbauschneidenbildung ebenso wie das Ende der Aufbauschneidenbildung im wesentlichen von der Schnittemperatur abzuhängen scheint.

4. Ursachen des Werkzeugverschleißes bei Aufbauschneidenbildung

Zum Verschleiß von Hartmetallwerkzeugen bei Aufbauschneidenbildung war bereits festgestellt worden (vgl. Abb. 18), daß mit zunehmender Größe der Aufbauschneide der Kolkverschleiß abnimmt. Diese Tatsache beruht zum Teil auf der Schutzwirkung der Aufbauschneiden. Der Span gleitet nämlich über die Aufbauschneiden, so daß ein direkter Kontakt zwischen Werkzeug und Span verhindert wird. Mit zunehmender Länge der Aufbauschneide wird deshalb der Kolkverschleiß pro Zeiteinheit immer geringer. Erst wenn die Aufbauschneiden bei höheren Schnittgeschwindigkeiten wieder zurückgehen, nimmt auch der Kolkverschleiß wieder zu. Bei diesen Vorgängen spielt außerdem der Einfluß der Temperatur auf die Festigkeit des über die Spanfläche gleitenden Teiles des Spans eine Rolle (vgl. Abb. 26).

Ganz anders verhält es sich dagegen mit dem Freiflächenverschleiß bei Aufbauschneidenbildung. Hier entsteht, wie bereits gezeigt werden konnte, mit zunehmender Größe der Aufbauschneiden eine immer größer werdende Verschleißmarke. Erst wenn die Aufbauschneiden bei höheren Schnittgeschwindigkeiten wieder kleiner werden, verringert sich auch die Breite der Verschleißmarke (vgl. Abb. 11).

Da nun die Höhe der Aufbauschneiden bei der Stahlbearbeitung nahezu konstant bleibt (vgl. Abb. 30), ist es im wesentlichen die Länge der Aufbauschneiden, die diesen Werkzeugverschleiß beeinflussen muß. Beim Kolkverschleiß ist dieser Einfluß leicht zu erklären, da mit der Länge der Aufbauschneide die Kontaktzone zwischen dem ablaufenden Span und dem Werkzeug kleiner wird. Dadurch vermindert sich entsprechend die Verschleißbeanspruchung des Werkzeuges, da die Aufbauschneide selbst die Funktion des Werkzeuges übernimmt. Sie selbst unterliegt dann zwar einem Verschleiß; da sie sich aber immer wieder aus dem Werkstückmaterial erneuert, macht sich dieser Verschleiß nicht bemerkbar.

Die Rolle, die die Länge der Aufbauschneide für den Freiflächenverschleiß spielt, ist dagegen nicht überschaubar. Die Untersuchungen zeigen, daß zunächst mit der Schnittgeschwindigkeit die Länge der Aufbauschneide zunimmt (s. Abb. 30).

Die Länge der Aufbauschneide kann aber keine Verschleißursache sein. Vielmehr müssen durch die mit den Schnittbedingungen variierende Größe der Aufbauschneiden Veränderungen bei der Spanbildung erfolgen, die sich auf den Werkzeugverschleiß auswirken. Die typische Form der Verschleißmarke, die, wie bereits in den Abb. 14, 15 und 16 gezeigt werden konnte, von derjenigen bei höheren Schnittgeschwindigkeiten abweicht, läßt den Schluß zu, daß wahrscheinlich nur eine Art mechanischen Abriebs als Verschleißursache in Frage kommt. Dieser Abrieb könnte durch die periodisch abwandernden Teilchen der Aufbauschneide verursacht werden. In Abb. 22 wird dieser Vorgang schematisch dargestellt. Auf

Grund umfangreicher metallographischer Untersuchungen an vielen Aufbauschneiden konnte ermittelt werden, daß bei Erreichen einer bestimmten Größe der Aufbauschneide diese plötzlich durch den Spandruck auf dem vorderen überhängenden Teil abgeschert wird. Dieses Abscheren erfolgt dabei etwa in Richtung der Verschleißmarke, und zwar unter einem Winkel von ca. 30° zur Schnittrichtung.

Beim Abscheren reibt der vordere Teil der Aufbauschneide, auch Schneidenansatz genannt, an der Freifläche des Werkzeuges. Gleichzeitig können auch kleinere Hartmetallpartikel am Schneidenansatz haften bleiben. Dadurch entsteht an dieser Stelle die typische Form der Verschleißmarke. Das Abscheren des Schneidenansatzes braucht nicht immer vollständig zu erfolgen, sondern es kann, wie auf der Skizze angedeutet, auch nur teilweise stattfinden. In jedem Fall werden aber Teile des Schneidenansatzes durch Spanunterseite und Schnittfläche mit fortgetragen. Insbesondere auf der Freifläche des Werkzeuges kann es dadurch zu einer Vergrößerung der Verschleißmarke kommen. Je öfter sich diese Vorgänge wiederholen, desto größer wird der Werkzeugverschleiß pro Zeiteinheit. Dabei muß entsprechend den vorangegangenen Überlegungen die Häufigkeit dieses Ablösens von Teilchen der Aufbauschneide von der Form und Größe der Aufbauschneide und darüber hinaus auch von den Schnittbedingungen abhängig sein.

Die im folgenden beschriebenen Untersuchungen sollen dazu beitragen, diese Beziehungen zu klären. Die abgelösten Teilchen der Aufbauschneide, die mit der Spanfläche und der Schnittfläche abwandern, sind bereits mit bloßem Auge auf den Schnittflächen zu erkennen. Es zeigt sich eine meist regelmäßige Anordnung in Form von Schuppen, die auf periodische Vorgänge schließen lassen. Um die Häufigkeit dieser Erscheinungen zu bestimmen, wurde bei verschiedenen Schnittbedingungen das Schnittwerkzeug schnell außer Schnitt genommen. Die schnelle Schnittunterbrechung war notwendig, um ein Nachschneiden des Werkzeuges zu verhindern. Auf der Schnittfläche konnten dann die pro Meßlänge (5 mm) auftretende Anzahl von Aufbauschneidenteilchen ausgezählt und daraus die Ablösefrequenz dieser Teilchen bestimmt werden. Aus jeweils zehn solcher Untersuchungen wurde die mittlere Ablösefrequenz ermittelt. Das Zählen der Schuppen erfolgte zuerst mit Hilfe einer Meßlupe. Zur Kontrolle wurde danach die Schnittflächen fotografiert und anschließend zehnfach vergrößert. An Hand eines solchen Bildes (vgl. Abb. 8) kann man sich eine Vorstellung über das Aussehen der losgelösten Aufbauschneidenteilchen, ihre Häufigkeit und Größe verschaffen.

Es ergab sich, daß mit zunehmender Schnittgeschwindigkeit die Ablösefrequenz der Aufbauschneidenteilchen größer wird. Die Abb. 61 zeigt diese Beziehungen. Von einer gewissen Schnittgeschwindigkeit an fällt die Ablösefrequenz aber wieder ab, und zwar bis auf den Wert Null bei derjenigen Schnittgeschwindigkeit, bei der keine Aufbauschneiden mehr auftreten. Allerdings ist in dem Bereich der Kurve (rechts vom Maximum), in dem die Bildung der Aufbauschneide und das dadurch verursachte Ablösen der Schuppen allmählich zurückgehen, sowohl die Häufigkeit als auch die Größe der Aufbauschneidenteilchen sehr unterschiedlich. Hier lösen sich meist in unregelmäßigeren Abständen große Schuppen vom Werk-

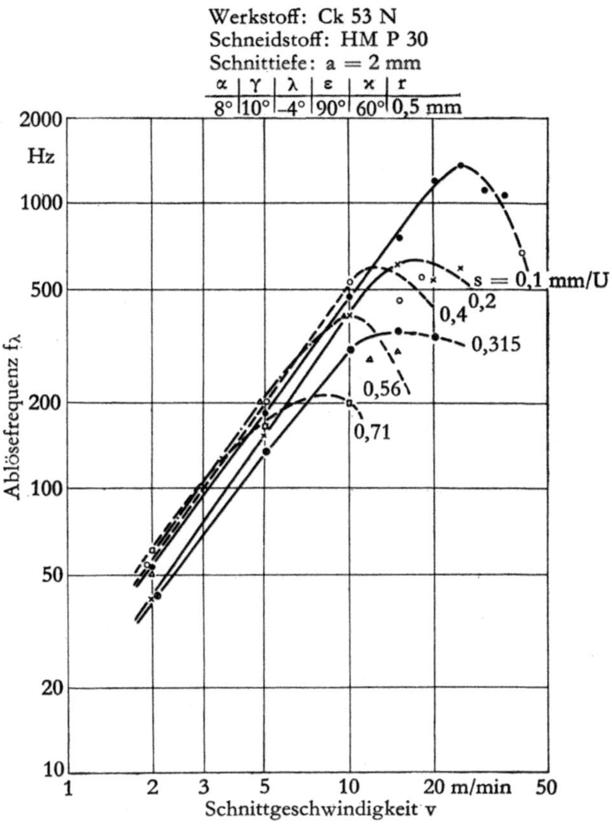

Abb. 61 Ablösefrequenz von Aufbauschneidenteilchen in Abhängigkeit von der Schnittgeschwindigkeit

zeug. Oft ist zu beobachten, daß unmittelbar nach Abwandern einer großen Schuppe ein kurzes Stück mit schuppenfreier Oberfläche folgt. Dieses entsteht nach dem Abwandern der gesamten Aufbauschneide. Da hierbei die Auswertung der Schuppenzahl problematisch war, wurde die Kurve in diesem Teil nur angedeutet.

Der Einfluß der Schnittgeschwindigkeit auf die Ablösefrequenz wurde in Abhängigkeit von verschiedenen Vorschüben und Schnittiefen ermittelt. Danach nimmt die Ablösefrequenz – gemessen im Maximum der jeweiligen Kurve – mit ansteigendem Vorschub ab, während die mit zunehmender Schnittiefe unverändert bleibt. Daraus ergibt sich für den Werkzeugverschleiß, daß im Bereich der Aufbauschneidenbildung der Verschleiß von Hartmetallwerkzeugen an der Freifläche mit der Schnittgeschwindigkeit zunehmen muß. Mit zunehmendem Vorschub dagegen müßte der Freiflächenverschleiß im Maximum der Verschleißschnittgeschwindigkeitskurve abnehmen, da auch die Ablösefrequenzen – im Maximum der Kurve gemessen – abnehmen. Das Verschleißmaximum in der V-v-Kurve und das Maximum der Ablösefrequenz treten nämlich bei nahezu den gleichen Schnittgeschwindigkeiten auf, wie Abb. 62 wiedergibt. Tatsächlich kann man die Beobachtung machen, daß der absolute Verschleißbetrag im Maximum der Verschleiß-Schnittgeschwindigkeitskurven mit zunehmendem Vorschub sich verringert (vgl. Abb. 37). Der Werkzeugverschleiß bei Aufbauschneidenbildung wird demnach also im wesentlichen durch die Häufigkeit des Ablösens kleiner Aufbauschneidenteilchen bestimmt. Die Schnittbedingungen beeinflussen deshalb den Werkzeugverschleiß bei Aufbauschneidenbildung über die Ablösefrequenz der Schuppen.

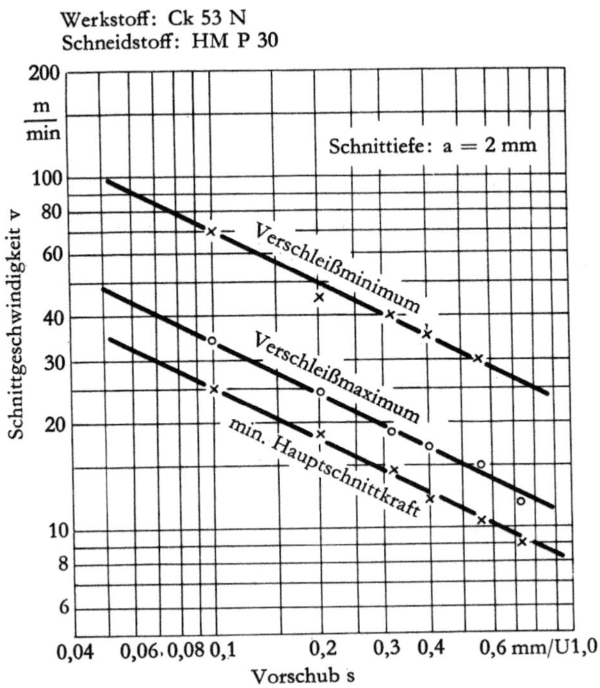

Abb. 62 Abhängigkeit der Schnittgeschwindigkeit, bei der das Maximum bzw. das Minimum des Freiflächenverschleißes und die maximale Ablösefrequenz auftreten, von dem Vorschub

5. Ursachen der Aufbauschneidenbildung

5.1 Ursachen für das Entstehen der Aufbauschneiden

Bisher gibt es im Schrifttum für die Entstehung der Aufbauschneiden bei der spanabhebenden Bearbeitung einiger Werkstoffe noch keine hinreichende Erklärung. Auf Grund der bisher bekannten Untersuchungsergebnisse wird allgemein angenommen, daß diese Erscheinung auf bestimmte Schnittemperaturen zurückzuführen sei, die zur Aufbauschneidenbildung führen. Da aber Temperaturen allein niemals als Ursache wirken können, müssen durch die Temperaturen bestimmte Werkstoffeigenschaften so beeinflußt werden, daß sich Aufbauschneiden bilden.
Es konnte bereits gezeigt werden, daß mit dem Übergang vom Scherspan zum Fließspan bei niedrigen Schnittgeschwindigkeiten auch die ersten Aufbauschneiden in Erscheinung treten. Weiterhin ergaben die Untersuchungen, daß die Aufbauschneidenbildung im wesentlichen vom zerspanten Werkstoff und nicht vom Schneidstoff oder von den Schnittbedingungen – soweit sie keinen Einfluß auf die Schnittemperatur haben – abhängig ist. Damit muß angenommen werden, daß bestimmte Werkstoffeigenschaften, die erst bei höheren Temperaturen wirksam werden, die Aufbauschneidenbildung verursachen. Um welche Werkstoffeigenschaften es sich hierbei handelt, ist aber noch ungewiß.
Wie bereits erwähnt wurde, führt Shaw [17] die Aufbauschneidenbildung auf eine mit der Temperatur veränderliche Festigkeit des Stahles zurück. Mit zunehmender Temperatur sinkt nämlich zunächst die Stahlfestigkeit. Bei Temperaturen um 200° C allerdings steigt die Festigkeit der meisten Stähle wieder an, und zwar auf Werte, die nur geringfügig unterhalb derjenigen bei Raumtemperatur liegen (Abb. 4). Diese Erscheinung beruht auf Ausscheidungsvorgängen in submikroskopischen Bereichen. Erst bei Temperaturen über 400° C nimmt die Festigkeit des Stahles wieder mit der Temperatur ab. Wie Nadai und Manjoine [30] zeigen konnten, verschiebt sich das Festigkeitsmaximum bei Stahl mit zunehmenden Verformungsgeschwindigkeiten zu höheren Temperaturen. Nach Shaw sollen nun diese mit der Schnittemperatur sich ändernden Festigkeiten in der Spanunterseite für die Aufbauschneidenbildung verantwortlich sein.
Um einen tieferen Einblick in diese Zusammenhänge zu erhalten, wurde versucht, den Einfluß der Temperaturen auf die Aufbauschneidenbildung zu erforschen. Zu diesem Zwecke wurden bei extrem niedrigen Schnittgeschwindigkeiten Bearbeitungsversuche durchgeführt. Die dabei auftretenden Schnittemperaturen lagen wegen des geringen Wärmeanfalls pro Zeiteinheit nur unwesentlich über der Raumtemperatur. Durch Zufuhr künstlicher Wärme von außen sollte nun versucht werden, den Einfluß der Temperatur auf den Bearbeitungsvorgang zu erfassen.

Der Versuchsaufbau sei kurz beschrieben: Die Zerspanungsversuche wurden, wie Abb. 63 wiedergibt, auf einer Fräsmaschine durchgeführt, an deren Spindelgegenlager ein einschneidiges Werkzeug befestigt war. Mittels einer Spule konnten Werkstück und Werkzeug getrennt oder gleichzeitig auf Temperaturen bis 900° C induktiv berührungslos erwärmt werden. Dabei erfolgte die Temperaturbestimmung mit Thermocolor-(Umschlag-)farben. Der Vorschub des Frästisches erzeugte die Schnittgeschwindigkeit, während die Senkrechtbewegung des Tisches dazu benutzt wurde, um die gewünschte Spanungsdicke einzustellen. Zerspant wurde im Orthogonalschnitt. Die Schneidengeometrie konnte beliebig gewählt werden. Über auf dem Werkzeug befestigte Dehnmeßstreifen konnte gleichzeitig die Schnittkraft gemessen werden.

Die Spanbildung wurde untersucht bei
1. aufgeheiztem Werkstück,
2. aufgeheiztem Werkstück und aufgeheiztem Werkzeug und
3. bei aufgeheiztem Werkzeug.

Abb. 63 Versuchsaufbau zur Bearbeitung mit niedrigen Schnittgeschwindigkeiten

Dabei ist anzunehmen, daß insbesondere der Fall 3 den tatsächlichen Verhältnissen am nächsten kommt, da bei der Zerspanung das durch die fortwährende Reibung aufgeheizte Werkzeug von der Kontaktstelle Wärme an das relativ kältere Werkstück abgibt.
Die Zerspanungsversuche wurden durchgeführt bei einer Schnittgeschwindigkeit von 8 mm/min und einem Spanungsquerschnitt von $a \cdot s = 2 \cdot 0{,}3\ mm^2$.
Die Versuche hatten folgende Ergebnisse: Wurden die Zerspanungsversuche ohne künstliche Erwärmung der Schnittstellen durchgeführt, so ergab sich immer eine Scherspanbildung, wie bereits gezeigt werden konnte [21]. Aber auch bei Aufheizung des Werkstückes allein entsprechend Fall 1 zeigte sich im gesamten Temperaturbereich von 20 bis 750° C eine Scherspanbildung (Abb. 64). Diese Erscheinung läßt sich dadurch erklären, daß bei der Berührung zwischen dem kalten

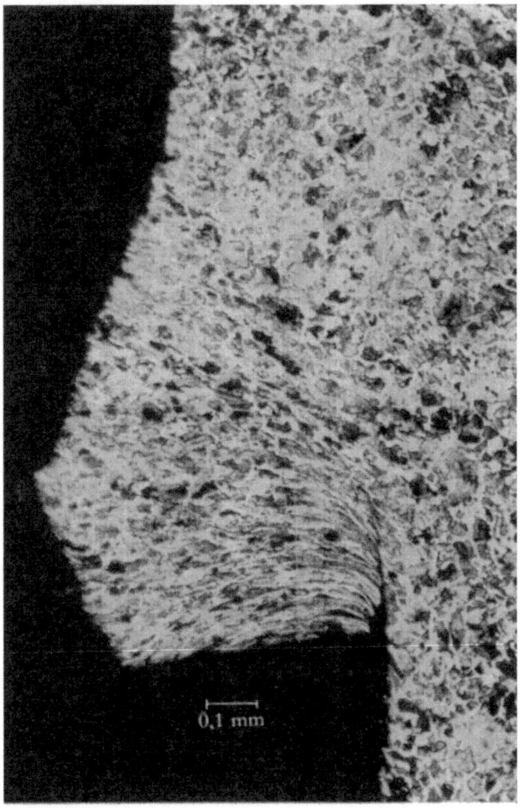

Abb. 64 Spanentstehungsstelle bei aufgeheiztem Werkstück
Werkstoff: Ck 53 N
Schneidstoff: HM P 30
$t = 500°C$
$v = 8$ mm/min
$b \cdot h_1 = 2 \cdot 0{,}3\ mm^2$

Werkzeug und dem heißen Werkstück örtlich die Temperatur in der Kontaktzone absank und damit nicht den Meßwerten im aufgeheizten Zustand entsprach. Während des Zerspanungsvorganges dürfte demnach die Temperatur unmittelbar in der Kontaktzone unter den am Werkstück gemessenen Werten geblieben sein und selbst bei Erwärmung auf 750° C nicht die Werte erreicht haben, die für die Fließspanbildung benötigt werden. Aufbauschneiden konnten sich also in diesem Falle nicht bilden.

Erst wenn Werkstück und Werkzeug gemeinsam auf gleiche Temperaturen gebracht wurden, entstanden oberhalb eines bestimmten Temperaturbereiches Fließspäne. Die Abb. 65 gibt Spanunterseiten bei verschiedenen Temperaturen wieder,

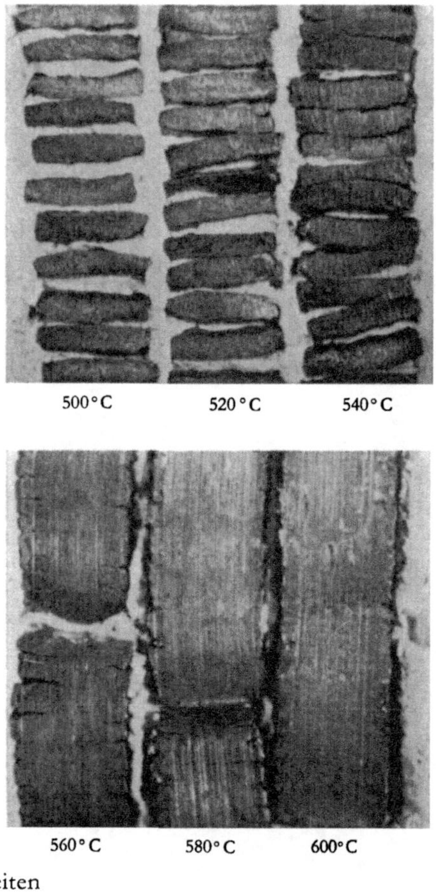

Abb. 65 Spanunterseiten
Werkstück und Werkzeug aufgeheizt
Werkstoff: Ck 53 N
Schneidstoff: HM P 30
v = 8 mm/min
$b \cdot h_1 = 2 \cdot 0{,}3\ mm^2$
T = 10 min

die deutlich den Übergang zum Fließspan bei etwa 550° C erkennen lassen. Das Bild der Spanentstehungsstelle bei diesen Fließspänen (Abb. 66) entspricht genau denjenigen Bildern, wie sie bei höheren Schnittgeschwindigkeiten beobachtet wurden [21]. Auch nach Überschreiten der Temperaturen für die Ferrit–Austenit-Umwandlung des Stahles bildeten sich einwandfreie Fließspäne, wie sich in Abb. 67 zeigt. Es ließen sich jedoch bei allen diesen Untersuchungen, obwohl viele Versuche gemacht wurden, keine Anzeichen einer Aufbauschneidenbildung, wie das eigentlich zu erwarten gewesen wäre, beobachten.

Diese Erscheinung zeigte sich erst, als nur das Werkzeug aufgeheizt wurde. Allerdings traten zunächst auch hier bei Temperaturen unter 570° C nur Scherspäne in Erscheinung. Wurde aber diese Werkzeugtemperatur überschritten, so zeigten sich Fließspäne und gleichzeitig Aufbauschneiden, wie sie in Abb. 68 wiedergegeben sind. Mit zunehmender »Schnittemperatur« nahm die Größe der

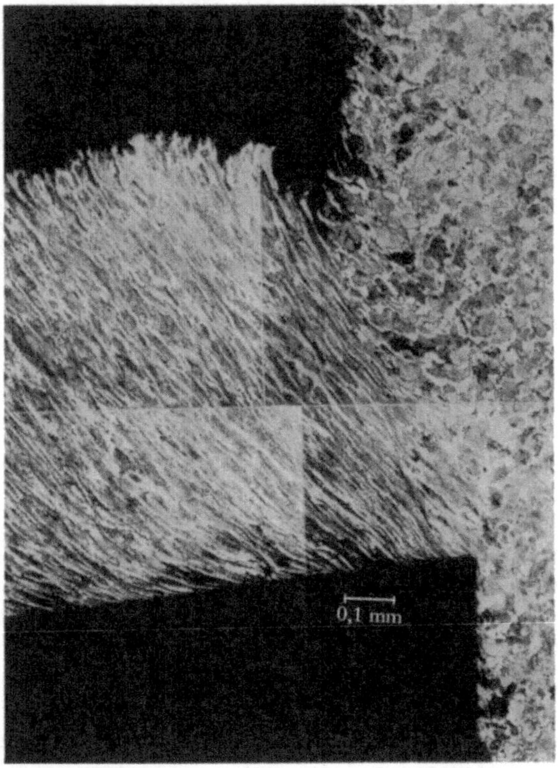

Abb. 66 Spanentstehungsstelle
Werkstück und Werkzeug aufgeheizt
Werkstoff: Ck 53 N
Schneidstoff: HM P 30
t = 600° C
v = 250 mm/min
$b \cdot h_1 = 2 \cdot 0{,}31\ mm^2$

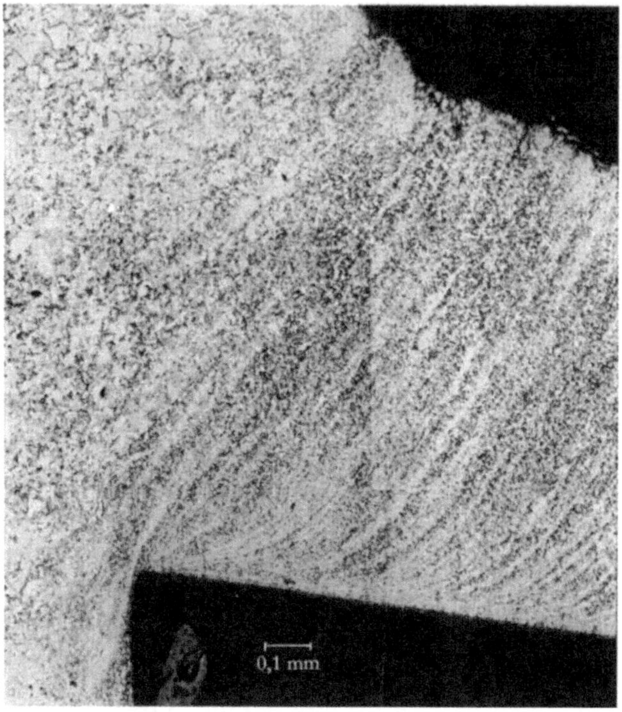

Abb. 67 Spanentstehungsstelle
Werkstück und Werkzeug aufgeheizt
Werkstoff: Ck 53 N
Schneidstoff: HM P 30
$t = 805°C$
$v = 8$ mm/min
$b \cdot h_1 = 2 \cdot 0{,}3$ mm²

Aufbauschneiden ab, bis diese bei 630° C wieder verschwanden und bei höheren Temperaturen auch nicht mehr in Erscheinung traten. Die metallographischen Bilder von Querschnitten der Aufbauschneiden entsprechen genau solchen Bildern, wie sie unter normalen Schnittbedingungen im mittleren Schnittgeschwindigkeitsbereich gewonnen wurden.

Aus den Versuchsergebnissen ist ersichtlich, daß die Spanbildung in hohem Maße von den Temperaturen des Werkstoffes abhängt. Bei bestimmten Temperaturwerten, die nach den vorliegenden Untersuchungen bei etwa 550° C liegen dürften, geht der zunächst gebildete Scherspan in einen Fließspan über. Dabei können sich auf dem Werkzeug nur dann Aufbauschneiden bilden, wenn ein Temperaturgefälle vom Werkzeug zum Span hin besteht. Nur unter diesen Umständen treten die typischen Materialanhäufungen auf dem Werkzeug auf. Die Ansichten von Shaw [17] über die Entstehung und die Ursachen der Aufbauschneiden erhalten damit eine Bestätigung. Voraussetzung für das Auftreten der Aufbauschneiden

Abb. 68 Spanentstehungsstelle bei aufgeheiztem Werkzeug
Werkstoff: Ck 53 N
Schneidstoff: HM P 30
v = 8 mm/min
$b \cdot h_1 = 2 \cdot 0{,}1\ mm^2$

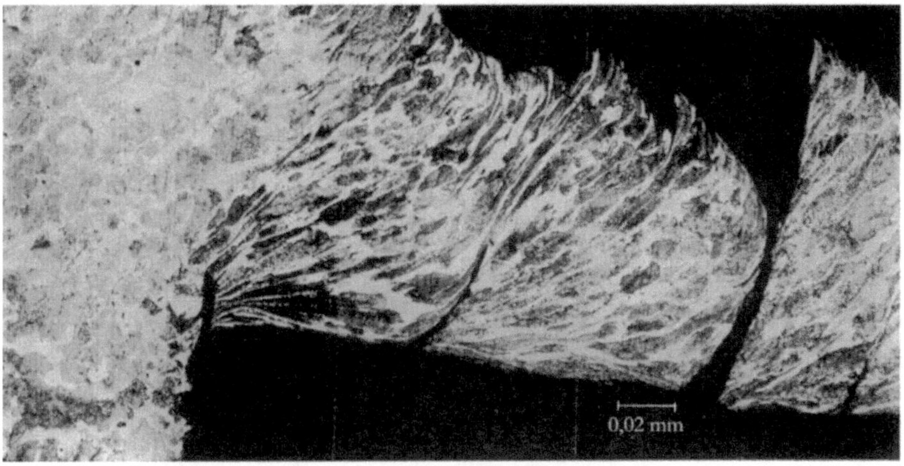

a) t = 560° C

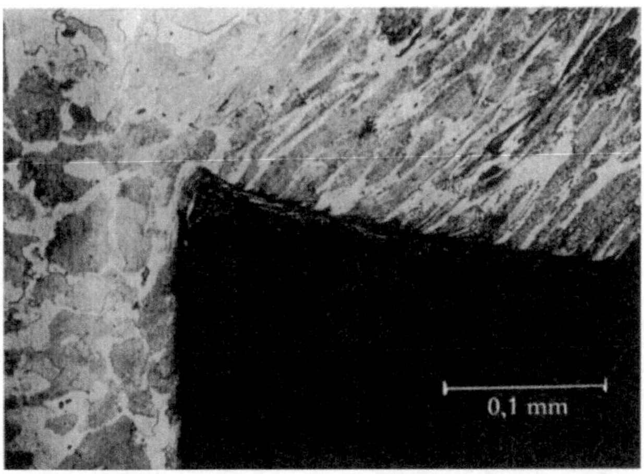

b) t = 580° C

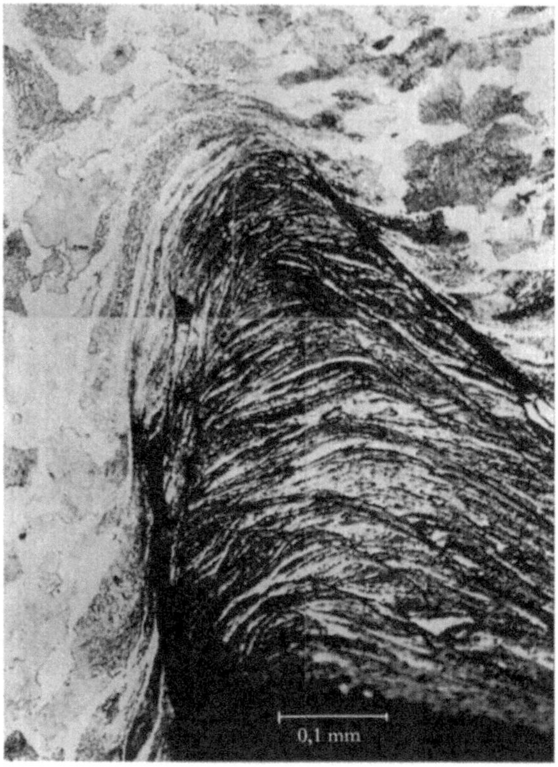

c) t = 600° C

d) t = 620° C

war nämlich, daß im Span ein Temperaturgefälle auftritt; hierdurch kommt es zu den mit der Temperatur veränderlichen Festigkeiten, durch die ein Fließen des Werkstoffes *innerhalb* des Spanes ermöglicht wird. Sollte diese Hypothese den Tatsachen entsprechen, so müßten bei den Werkstoffen, deren Festigkeit im Bereich höherer Temperaturen noch einmal ansteigt, Aufbauschneiden zu beobachten sein. Umgekehrt muß aber auch bei denjenigen Werkstoffen, deren Festigkeit stetig mit steigenden Temperaturen abnimmt, die Aufbauschneidenbildung unterbleiben.

Entsprechende Untersuchungen bestätigen diese Annahme. Stahl- und einige Aluminiumwerkstoffe, bei denen die Aufbauschneiden auffällig in Erscheinung treten, zeigen tatsächlich den charakteristischen Verlauf der Festigkeit bzw. Härte in Abhängigkeit von der Temperatur, wie die Diagramme in Abb. 69 deutlich machen.

Andererseits bilden Werkstoffe mit kontinuierlicher Festigkeitsabnahme bei zunehmender Temperatur nach den bisherigen Untersuchungen auch tatsächlich keine Aufbauschneiden. Bei der Zerspanung von Reineisen beispielsweise, das nach [27] nicht wie Stahl einen Temperaturbereich der sogenannten Blaubruchsprödigkeit aufweist (s. Abb. 69), bilden sich, wie Untersuchungen der Spanentstehungsstelle bei verschiedenen Schnittgeschwindigkeiten erkennen ließen, keine Aufbauschneiden. Die Abbildungen in Abb. 70 zeigen Aufnahmen der Spanwurzel bei der spanabhebenden Bearbeitung von Reineisen. Man erkennt, daß es sich im vorliegenden Fall um Fließspanbildung handelt mit deutlich sichtbarer Scherzone an der Spanentstehungsstelle. Obgleich es in Abb. 70b den Anschein hat, als ob hier Ansätze zu Aufbauschneidenbildung bestehen, ergab doch

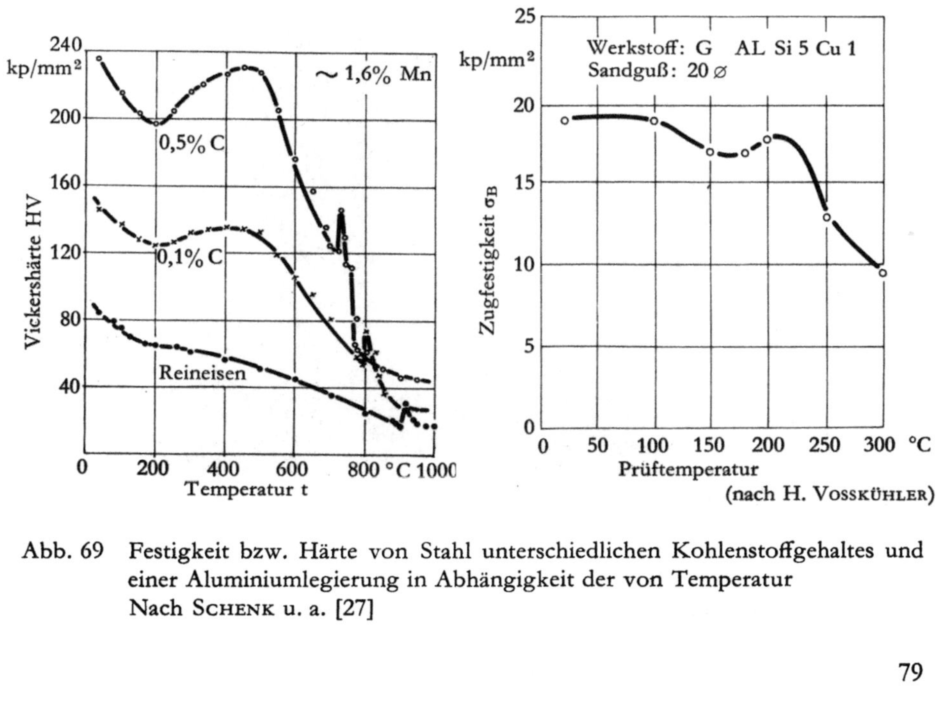

Abb. 69 Festigkeit bzw. Härte von Stahl unterschiedlichen Kohlenstoffgehaltes und einer Aluminiumlegierung in Abhängigkeit der von Temperatur
Nach Schenk u. a. [27]

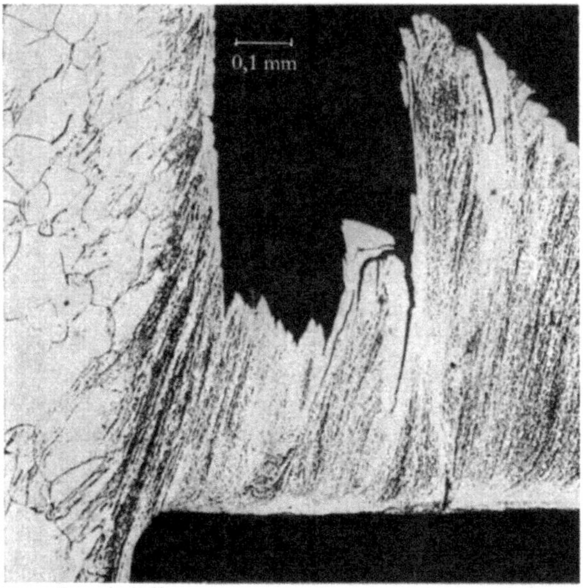

Abb. 70 a Spanentstehungsstelle

Werkstoff:	Reineisen
Schneidstoff:	HM P 30
Schnittgeschwindigkeit:	v = 10 m/min
Spanungsquerschnitt:	$a \cdot s = 0{,}5 \cdot 0{,}1\ mm^2$

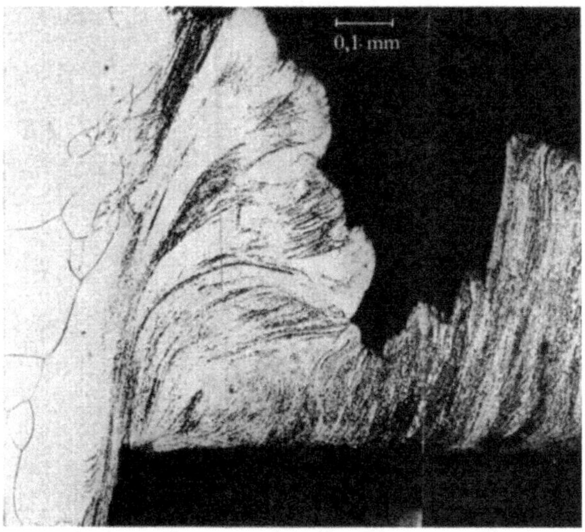

Abb. 70 b Spanentstehungsstelle

Werkstoff:	Reineisen
Schneidstoff:	HM P 30
Schnittgeschwindigkeit:	v = 35 m/min
Spanungsquerschnitt:	$a \cdot s = 0{,}5 \cdot 0{,}1\ mm^2$

die eingehendere Untersuchung, daß dies nicht zutreffend ist. Weder an der Spanunterseite noch an der Schnittfläche konnten die sonst bei Aufbauschneidenbildung üblichen Schuppen bzw. Aufbauschneidenteilchen beobachtet werden; ein sicheres Kennzeichen dafür, daß keine Aufbauschneiden entstanden sind.
Damit werden die Annahmen über die Ursachen der Aufbauschneidenbildung weitgehend bestätigt. Es darf nach dem Stand der bisherigen Erkenntnisse angenommen werden, daß die Aufbauschneidenbildung auf einem Fließen innerhalb der unteren Spanschichten beruht, hervorgerufen durch eine geringere Festigkeit innerhalb des Spanes gegenüber der Spanunterseite. Voraussetzung für das Auftreten von Aufbauschneiden ist, daß erstens, von der Kontaktseite des Spanes ausgehend, im Span selbst ein Temperaturgefälle auftritt und daß zweitens der Span aus einem Werkstoff besteht, dessen Festigkeit in bestimmten Bereichen mit der Temperatur ansteigt.

5.2 Ursachen für das Verschwinden der Aufbauschneiden bei höheren Schnittgeschwindigkeiten

Über die Ursachen für das Zurückgehen der Aufbauschneiden bei höheren Schnittgeschwindigkeiten wurden in letzter Zeit von japanischen Forschern Überlegungen angestellt [13–15]. Tatsache ist, daß bei Schnittgeschwindigkeiten, bei denen das ausgeprägte Verschleißmaximum in den Verschleiß-Schnittgeschwindigkeitskurven auftritt, die Aufbauschneiden plötzlich kleiner werden. Gleichzeitig werden von diesen Schnittgeschwindigkeiten an, wie bereits gezeigt werden konnte, nicht mehr nur Teile der Aufbauschneiden durch Spanunterseite und Schnittfläche abgetragen, sondern es erfolgt jetzt ein periodisches Abwandern der gesamten Aufbauschneiden, wobei das Werkzeug danach kurzzeitig ohne Aufbauschneide arbeitet. Mit steigender Schnittgeschwindigkeit treten diese immer deutlicher in Erscheinung, bis bei bestimmten Schnittgeschwindigkeiten keine Aufbauschneiden mehr auftreten.
Nakeyama und Igushi [13] führen das Ende der Aufbauschneidenbildung auf die Rekristallisation zurück, dabei verlieren die Aufbauschneiden ihre natürliche Härte, erweichen und können dem Schnittdruck keinen Widerstand mehr entgegensetzen. Shaw [17] führt das Verschwinden der Aufbauschneiden auf die steigenden Schnittemperaturen zurück, die über denjenigen der Blaubruchsprödigkeit des Stahles liegen. Der dadurch nicht mehr diskontinuierliche Verlauf der Festigkeit in der Spanwurzel läßt die Entstehung vonAufbauschneiden nicht zu.
Eigene Versuche sollten dazu beitragen, eine Erklärung für das Ende der Aufbauschneidenbildung zu finden.
Sollte die Rekristallisation hierbei eine Rolle spielen, so müßte nach den Ergebnissen der vorangegangenen Versuche die Rekristallisationstemperatur für Eisen bei Temperaturen um 630° C liegen. Da der Stahl in den Aufbauschneiden in äußerst stark verformtem Zustand vorliegt, war anzunehmen, daß die Rekristalli-

sationstemperatur für Aufbauschneiden bei niedrigeren Temperaturen in Erscheinung treten würde. Um dies zu ermitteln, wurde eine Anzahl gleicher Spanwurzeln mit gleichen Aufbauschneiden bei jeweils verschiedenen Temperaturen kurzzeitig geglüht. Die durch eine Rekristallisation verursachte Härteabnahme der Aufbauschneiden wurde gemessen und die Rekristallisationstemperatur bei derjenigen Glühtemperatur bestimmt, bei der der erste Härteabfall zu erkennen war. Um den Verhältnissen bei der Zerspanung möglichst nahe zu kommen, wurden die Aufbauschneiden nur kurzzeitig erhitzt und zwar einheitlich bei allen Temperaturen etwa 60 sec lang, wobei das Aufheizen sowie das Abkühlen gesteuert innerhalb von je 15 sec stattfand. Das Aufheizen erfolgte durch elektrischen Strom im direkten Durchgang durch die Spanwurzel. Störungen durch Verzundern ließen sich vermeiden, da das Erhitzen unter Hochvakuum stattfand. Die Temperatur wurde mit auf der Probe festgeschweißten Mikro-Thermoelementen bestimmt. Es wurde die Vickers-Micro-Härte bei 100 p Belastung ermittelt.

Die Ergebnisse dieser Untersuchung sind in Abb. 71 wiedergegeben. Aufgetragen über den entsprechenden Glühtemperaturen sind die jeweiligen mittleren Härtewerte aus fünf Messungen. Bis etwa 350° C bleibt die Härte der Aufbauschneiden konstant. Von da ab nehmen die Härtewerte linear mit der Temperatur ab, bis sie bei etwa 650° C praktisch die Ursprungshärte des Werkstückstoffes wieder erreicht haben. Weitere Temperaturerhöhungen verändern die Härte der Aufbau-

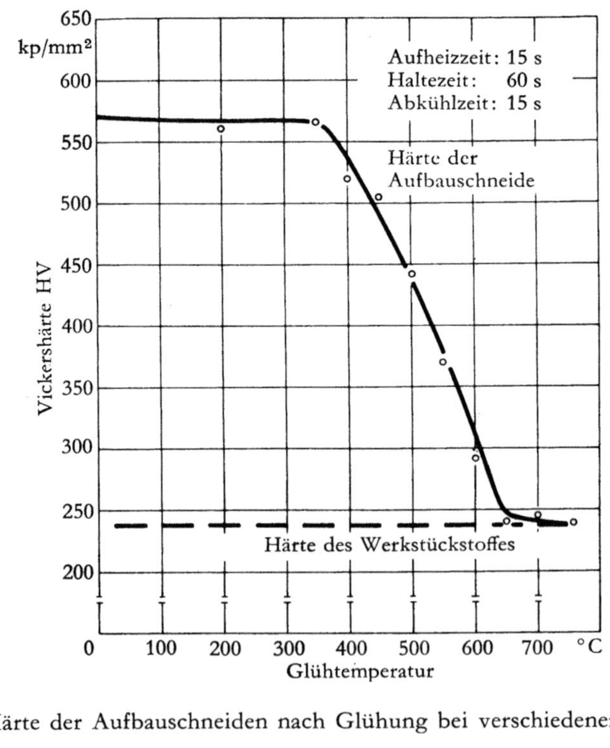

Abb. 71 Härte der Aufbauschneiden nach Glühung bei verschiedenen Temperaturen

schneiden nicht mehr. Vergleicht man die Gefügebilder mit der Härtekurve bei den verschiedenen Temperaturen, so tritt der erste Härteabfall dann auf, wenn auch die ersten Gefügeveränderungen infolge der Erwärmung beobachtet werden. Es handelt sich hierbei also um eine echte Rekristallisation. Der damit verbundene Abbau der Kaltverfestigung des Aufbauschneidenmaterials zeigt sich im Zurückgehen der Härte. Das in diesem Fall festgestellte kontinuierliche Erweichen bei zunehmender Temperatur dürfte wegen der unterschiedlichen Erwärmungsvorgänge gegenüber dem Zerspanungsvorgang nur vorgetäuscht sein. Da der Rekristallisationsvorgang zeitgebunden abläuft, wird nämlich der Endzustand der Rekristallisation bei gleicher Erwärmungszeit erst bei höheren Temperaturen erreicht. Außerdem wurden durch die Härtemessung über nicht rekristallisierte und bereits rekristallisierte Gebiete im mikroskopischen Bereich gemittelt. Der Beginn des Härteabfalls entspricht also der eigentlichen Rekristallisationstemperatur des Aufbauschneidenmaterials, die damit für den Stahl Ck 53 zu 350°C bestimmt wurde.
Da beim gleichen Stahl aber mit Sicherheit noch bei Temperaturen von 630°C Aufbauschneiden festgestellt wurden, scheint es, als käme die Rekristallisation als Ursache für das Verschwinden der Aufbauschneidenbildung nicht in Betracht. Es sei denn, die Lebensdauer der Aufbauschneiden ist so gering, daß eine Rekristallisation der Aufbauschneide wegen ihres zeitgebundenen Charakters erst bei höheren Temperaturen zur Wirksamkeit gelangt. Um die Wirkung dieser Erscheinungen bei der spanabhebenden Bearbeitung auf die Aufbauschneidenbildung zu erfassen, wurden weitere metallographische Untersuchungen durchgeführt. Dabei wurden die Werkstoffveränderungen im Span auf Grund von Temperaturen und Verformungen beobachtet.
Von Ostermann [28] konnte bereits festgestellt werden, daß unter bestimmten Bedingungen die Temperaturen in der Spanunterseite infolge der Reibung zwischen Span und Werkzeug sehr hoch werden: Dabei kommt es in äußerst dünnen Schichten von wenigen Mikrometer zu einer Phasenumwandlung des Stahls vom ferritischen in den austenitischen Gefügezustand.
Das Einsetzen der Phasenumwandlung läßt sich an der Ausbildung der Eisenkarbide in der Spanunterseite genau verfolgen. Mit Hilfe von Karbidauszügen [29] kann die Form der Eisenkarbide in der Spanunterseite genau festgestellt werden. Nach einer Ferrit–Austenit-Umwandlung im Span werden die im Stahl vorliegenden Eisenkarbide im Austenit gelöst. Bei der Abkühlung des Spanes nach Beendigung des Kontaktes mit dem Werkzeug wandelt der Stahl wieder vom austenitischen in den ferritischen Gefügezustand um, wobei sich infolge der im Span verbleibenden Restwärme Karbide in neuer, deutlich erkennbarer Form aus dem ferritischen Gefüge ausscheiden.
Die in Abb. 72 gezeigten Abbildungen geben die unterschiedlichen Karbidformen bei verschiedenen Schnittgeschwindigkeiten wieder. Bei einer Schnittgeschwindigkeit von 4 m/min beispielsweise sind die Eisenkarbide in der Spanunterseite stark mechanisch verformt und infolge der Reibwirkung in Spanablaufrichtung bevorzugt orientiert. Auch bei einer Schnittgeschwindigkeit von 20 m/min, bei der das Verschleißmaximum auftritt, sind die Karbide noch größtenteils mecha-

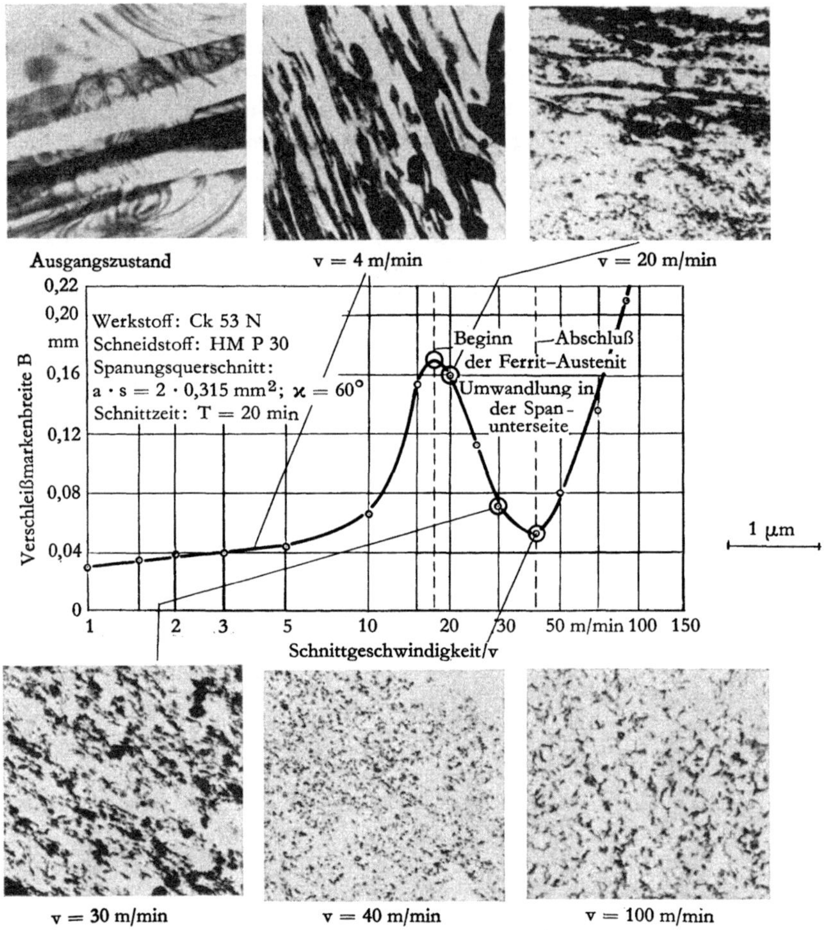

Abb. 72 Vergleich einer Verschleißschnittgeschwindigkeitskurve mit dem Gefügezustand in der Spanunterseite

nisch verformt. An einigen Stellen können aber bereits erste Neuausscheidungen von Karbiden festgestellt werden, die auf Grund vorangegangener Umwandlungsvorgänge entstanden sind. Bei 30 m/min hat sich das Aussehen der Karbide bereits weitgehend geändert. Die Karbide sind jetzt nur noch stellenweise geordnet und relativ klein. Die Umwandlung in der Spanunterseite konnte aber, wie das Aussehen der Karbide zeigt, noch nicht vollständig ablaufen; erst bei einer Schnittgeschwindigkeit von 40 m/min haben sich die Karbide in einer Form ausgeschieden, die auf eine vollständige Strukturänderung in der Spanunterseite während des Kontaktes mit dem Werkzeug schließen läßt. Vergleicht man das Auftreten dieser Umwandlungsvorgänge mit der Verschleißkurve und den Erscheinungen bei der Aufbauschneidenbildung (s. Abb. 13), stellt man fest, daß die Ferrit–Austenit-

Umwandlung in der Spanunterseite bei den Schnittgeschwindigkeiten beginnt, bei denen an der Freifläche ein Verschleißmaximum und auf der Spanfläche die größte Aufbauschneide beobachtet wird. Vollständig erfolgt die α–γ-Umwandlung an der Spanunterseite erst dann, wenn minimaler Freiflächenverschleiß und damit keine Aufbauschneide mehr auftritt. Es zeigt sich also, daß ein enger Zusammenhang zwischen dem Zurückgehen der Aufbauschneidenbildung und der Ferrit-Austenit-Umwandlung in der Spanunterseite besteht. Die in den Abb. 33–35 wiedergegebenen Diagramme geben also nicht nur die Schnittbedingungen an, bei denen der größte bzw. geringste Freiflächenverschleiß zurückgeht bzw. aufhört, sondern auch die Schnittbedingungen, bei denen zum erstenmal Umwandlungserscheinungen in der Spanunterseite auftreten bzw. bei denen die Ferrit–Austenit-Umwandlung vollständig erfolgt.

Das Auftreten einer Ferrit–Austenit-Umwandlung in der Spanunterseite kann das Zurückgehen der Aufbauschneidenbildung bei bestimmten Schnittbedingungen erklären. Wird nämlich eine durchgreifende Rekristallisation der Aufbauschneide, z. B. durch zu kurze Lebensdauer der Aufbauschneide, verhindert, so kann diese zwangsweise durch eine Ferrit–Austenit-Umwandlung ausgelöst werden. Denn bei der Ferrit–Austenit-Umwandlung findet eine Umbildung des Materialgefüges statt, wodurch eine schlagartige Rekristallisation ausgelöst wird.

Setzt demnach beim Verschleißmaximum an der Spanunterseite und der Aufbauschneide, die an der beiderseitigen Berührungszone gleiche Temperaturen haben müssen, stellenweise eine Ferrit–Austenit-Umwandlung ein, so baut sich die Verfestigung des Aufbauschneidenmaterials entweder durch eine plötzlich einsetzende Rekristallisation oder durch eine Umkristallisation ab. Die Aufbauschneide verliert ihre Schneidfähigkeit; sie wird zerdrückt und durch Spanunterseite oder Schnittfläche abgetragen. Mit steigender Schnittgeschwindigkeit wird die Umwandlungstemperatur an der Berührungsstelle Span–Aufbauschneide immer öfter überschritten, so daß sich der vorerwähnte Vorgang in immer kürzeren Zeitabständen wiederholt. Schließlich wird die Umwandlungstemperatur dauernd erreicht, so daß sich keine neuen Aufbauschneiden mehr bilden können. Die Ursachen für das Zurückgehen der Aufbauschneidenbildung dürfte deshalb auf das Erweichen der Aufbauschneide infolge Rekristallisation oder Umkristallisation zurückzuführen sein.

Die Differenzen zwischen den im Analogieversuch bestimmten Grenztemperaturen für die Aufbauschneidenbildung, die bei etwa 640° C lagen, und den um 80–150° C höher liegenden Temperaturen für eine Ferrit–Austenit-Umwandlung lassen sich also – wie bereits erwähnt – nur durch eine Verzögerung des Rekristallisationseinflusses erklären. Die Lebensdauer der Aufbauschneide und die Rekristallisationsgeschwindigkeit müssen nämlich in einem bestimmten Verhältnis stehen, damit sich eine Erweichung des verfestigten Werkstoffes bemerkbar macht.

Bei der Spanbildung mit Aufbauschneiden unter normalen Schnittbedingungen besteht die Möglichkeit, daß sich das Auftreten der Rekristallisation bis zu solchen Temperaturen verschiebt, bei denen ein Gefügeumbau zwangsweise herbeigeführt wird. Bei den Analogieversuchen ist dagegen wegen der geringen Schnittge-

schwindigkeit die Lebensdauer der Aufbauschneiden länger, so daß sich eine Rekristallisation schon bei niedrigeren Temperaturen bemerkbar macht.
Damit dürfte nach dem Stand der bisherigen Erkenntnisse und in Übereinstimmung mit den Versuchsergebnissen eine Erklärung für das Auftreten und das Zurückgehen der Aufbauschneidenbildung gefunden sein.

6. Zusammenfassung

Nach einer Auswertung der im Schrifttum angeführten Untersuchungen über die Aufbauschneidenbildung wird in dem vorliegenden Bericht die Rückwirkung der Aufbauschneidenbildung auf den Werkzeugverschleiß, auf die Schnittkräfte und auf die erreichbare Oberflächengüte eingehend untersucht. Dabei wurde festgestellt, daß enge Wechselbeziehungen zwischen der Aufbauschneidenbildung und dem Werkzeugverschleiß bestehen. Während die Aufbauschneide die Spanfläche des Werkzeuges weitgehend vor Verschleiß schützt, führt das Auftreten von Aufbauschneiden zu einer Erhöhung des Verschleißes an der Freifläche. Der Einfluß der Aufbauschneidenbildung auf den Werkzeugverschleiß spiegelt sich in den für verschiedene Werkzeug–Werkstückpaarungen bei unterschiedlichen Schnittbedingungen aufgestellten Verschleiß-Schnittgeschwindigkeitskurven wieder.
Der Schnittkraftverlauf im Bereich der Aufbauschneidenbildung kann an Hand des in der Tendenz ähnlichen Verlaufes der Spanstauchung erklärt werden. Die Änderung der Spanstauchung dürfte auf unterschiedliche Reibungsbedingungen auf der Spanfläche in verschiedenen Schnittgeschwindigkeitsbereichen zurückzuführen sein.
Die erreichbare Oberflächengüte des Werkstückes wird nach den vorliegenden Untersuchungen maßgeblich durch die bei Aufbauschneidenbildung mit der Schnittfläche abwandernden Aufbauschneidenteilchen beeinflußt.
Weitere Untersuchungen ergaben, daß die Schnittbedingungen, die Schneidengeometrie und eine Kühlung oder Schmierung die Aufbauschneidenbildung durch eine Veränderung der Schnittemperatur beeinflussen. Es zeigte sich ferner, daß die Aufbauschneidenbildung nicht vom Schneidstoff, sondern allein vom Werkstoff abhängt.
Zur Untersuchung der Ursachen für das Entstehen von Aufbauschneiden wurden Versuche mit aufgeheiztem Werkstück und/oder aufgeheiztem Werkzeug durchgeführt. Nach den Versuchsergebnissen kann angenommen werden, daß die Aufbauschneidenbildung auf einem Fließen innerhalb der unteren Spanschichten, hervorgerufen durch eine geringere Festigkeit innerhalb des Spanes gegenüber der Spanunterseite, beruht. Voraussetzung dafür ist einmal ein Temperaturgefälle vom Werkzeug zum Span und zum anderen ein Ansteigen der Festigkeit des Werkstoffes mit Erhöhung der Temperatur in einem bestimmten Temperaturbereich. Schließlich dürfte nach den durchgeführten Untersuchungen das Verschwinden der Aufbauschneiden beim Überschreiten einer oberen Grenztemperatur auf das Erweichen der Aufbauschneide infolge Rekristallisation oder Umkristallisation zurückzuführen sein.

Prof. Dr.-Ing. Dr. h. c. Herwart Opitz
Dr.-Ing. Max Gappisch

7. Literaturverzeichnis

[1] Opitz, H., M. Gappisch, W. König, R. Pape und A. Wichert, Einfluß oxydischer Einschlüsse auf die Bearbeitbarkeit von Stahl Ck 45 mit Hartmetall-Drehwerkzeugen. Arch. Eisenhüttenwesen 33 (1962), Heft 12, Seite 841–851.

[2] Ripper, W., und G. W. Burley, Cutting Power of Lathe Turning Tools. Engineering 96, II (1913), S. 737.

[3] Rosenhain, W., und H. C. Sturney, Flow and Rupture of Metals during Cutting. Proc. Inst. Mech. Eng. 1, II (1925), S. 141.

[4] Herbert, E. G., Workhardening Properties of Metals. Trans. ASME 48 (1926), S. 705.

[5] Rapatz, F., Das Oberflächenaussehen bei der spanabhebenden Bearbeitung, insbesondere beim Drehen. Archiv Eisenhüttenwesen 3 (1929/30), S. 717.

[6] Wallichs, A., und H. Opitz, Spanentstehung und Oberflächengüte. Z. VDI 77 (1933), S. 924.

[7] Schwerd, F., Neue Untersuchungen zur Schnitttheorie und Bearbeitbarkeit. Stahl und Eisen 51 (1931), S. 481.

[8] Ernst, H., und M. Martelotti, Die Bildung und Wirkung der Aufbauschneide. Die Werkzeugmaschine 40 (1936), S. 429 und 463.

[9] Prianishnikoff, V. D., Built-Up Edge on the Single Point Tool. Americ. Machinist 80 (1936), S. 294.

[10] Lee, E. H., und B. W. Shaffer, The Theory of Plasticity Applied to a Problem of Machining. J. Appl. Mechanies 18 (1951), S. 405.

[11] Heginbotham, W. B., Eine versuchsweise Erforschung der Eigenheiten und des Verhaltens der Aufbauschneide bei der Bearbeitung von niedrig gekohltem Flußstahl mit SS-Drehstählen. Microtecnic 11 (1957), S. 128.

[12] Loladse, T. N., Spanbildung beim Schneiden von Metallen. Verl. Technik, Berlin 1954.

[13] Nakayama, K., und K. Igushi, Studies on the Built-Up Edge. J. Soc. Precision Mechanics 22 (1956), S. 104.

[14] Okoshi, M., und T. Sata, Formation and Disappearance of Built-Up Edge in Machining. R. Scientific Research Inst. 23 (1957), S. 155 und 295.

[15] Hoshi, K., On the Built-Up Nose. Verl. Maruzew u. Co, Tokio 1960.

[16] Bastien, P., M. Weisz und M. A. Portevin, Mechanisme de formation de l'arête rapportée dans la coupe des méteaux. Compts rendue des séances de l'académie des sciences 237 (1953), S. 871.

[17] Shaw, M. C., E. Usui und P. A. Smith, Free Machining Steel III. Trans. ASME (J. Eng. Ind.), 83 (1961), S. 181.

[18] Eugène, F., La coupe des méteaux. Verl. Publications ESTOUP, Paris 1960.

[19] Vieregge, G., Der Werkzeugverschleiß bei der spanabhebenden Bearbeitung im Spiegel der Verschleiß-Schnittgeschwindigkeitskurven. Stahl und Eisen 77 (1957), S. 1233.

[20] Sorin, P., Die Selbstbearbeitung. Microtecnic 9 (1955), S. 125.

[21] Gappisch, M., und W. Schilling, Spanbildung und Werkzeugverschleiß bei der Bearbeitung von Stahl mit Hartmetalldrehwerkzeugen.
Industrie-Anzeiger 84 (1962), Heft 89, S. 2109–2114;
Industrie-Anzeiger 84 (1962), Heft 98, S. 2311–2316.

[22] Hucks, H., Plastizitätsmechanische Grundlagen und Kenngrößen der Zerspanung. Diss., T. H. Aachen 1951.

[23] Rohde, H., Untersuchung des Räumvorganges. Diss., T. H. Aachen 1960.

[24] Brammertz, P., Die Entstehung der Oberflächenrauheit beim Feindrehen. Ind.-Anzeiger 83 (1961), Nr. 2, 6. Jan., S. 25–32.

[25] Küsters, K. J., Temperaturen im Schneidkeil spanender Werkzeuge. Diss., T. H. Aachen 1956.

[26] Bech, H. G., Untersuchung der Zerspanbarkeit von Leichtmetall-Gußlegierungen. Diss., T. H. Aachen 1963.

[27] Schenk, H., E. Schmidtmann, H. Brandis und K. Winkler, Einfluß der Temperatur bis 1000° C auf die Mikrohärte von Eisen und Eisenlegierungen. Arch. Eisenhüttenwesen 29 (1958), Heft 10, S. 653.

[28] Ostermann, G., Neuere Erkenntnisse über die Ursachen des Verschleißes auf der Spanfläche von Hartmetall-Drehwerkzeugen. Diss., T. H. Aachen 1960.

[29] Ostermann, G., und M. Gappisch, Untersuchungen über die Ursachen des Werkzeugverschleißes. Forschungsbericht des Landes Nordrhein-Westfalen Nr. 1011, Westdeutscher Verlag, Köln–Opladen.

[30] Nadai, A., und M. J. Manjoine, High-Speed Tension Tests of Elevated Temperatures. Journ. of Applied Physics, June 1941.

FORSCHUNGSBERICHTE DES LANDES NORDRHEIN-WESTFALEN

Herausgegeben im Auftrage des Ministerpräsidenten Dr. Franz Meyers
von Staatssekretär Prof. Dr. h. c. Dr.-Ing. E. h. Leo Brandt

MASCHINENBAU

HEFT 45
Losenhausenwerk Düsseldorfer Maschinenbau AG, Düsseldorf
Untersuchungen von störenden Einflüssen auf die Lastgrenzenanzeige von Dauerschwingprüfmaschinen
1953. 24 Seiten, 11 Abb., 3 Tabellen. DM 7,25

HEFT 100
Prof. Dr.-Ing. Herwart Opitz, Aachen
Untersuchungen von elektrischen Antrieben, Steuerungen und Regelungen an Werkzeugmaschinen
1955. 151 Seiten, 71 Abb., 3 Tabellen. DM 31,30

HEFT 136
Dipl.-Phys. P. Pilz, Remscheid
Über spezielle Probleme der Zerkleinerungstechnik von Weichstoffen
1955. 41 Seiten, 19 Abb., 2 Tabellen. DM 11,50

HEFT 147
Dr.-Ing. W. Rudisch, Unna
Untersuchung einer drehelastischen Elektromagnet-Synchronkupplung
1955. 69 Seiten, 65 Abb. DM 17,70

HEFT 183
Dr. phil. rer nat. W. Bornheim, Köln
Entwicklungsarbeiten an Flaschen- und Ampullen-Behandlungsmaschinen für die pharmazeutische Industrie
1956. 38 Seiten, 24 Abb. DM 11,70

HEFT 212
Dipl.-Ing. Heinrich Spodig, Chemapern GmbH, Selm
Untersuchung zur Anwendung der Dauermagnete in der Technik
1955. 37 Seiten, 25 Abb. DM 9,80

HEFT 295
Prof. Dr.-Ing. Herwart Opitz und Dipl.-Ing Heinrich Axer, Laboratorium für Werkzeugmaschinen und Betriebslehre der Rhein.-Westf. Technischen Hochschule Aachen
Untersuchung und Weiterentwicklung neuartiger elektrischer Bearbeitungsverfahren
1956. 31 Seiten, 27 Abb. DM 10,30

HEFT 298
Baurat i. R. Prof. Dr.-Ing. Ernst Oehler, Aachen
Untersuchung von kritischen Drehzahlen, die durch Kreiselmomente verursacht werden
1956. 41 Seiten, 35 Abb. DM 13,15

HEFT 384
Prof. Dr.-Ing. Herwart Opitz, Dr.-Ing. Rolf Piekenbrink und Dipl.-Ing. Wolfgang Hölken, Aachen
Schwingungsuntersuchungen an Werkzeugmaschinen
1958. 66 Seiten, 73 Abb. DM 20,40

HEFT 412
Prof. Dr.-Ing. Herwart Opitz, Prof. Dr.-Ing. Volker Aschoff, Dr.-Ing. Hermann Stute und Dipl.-Ing. Gottfried Stute, Rhein.-Westf. Technische Hochschule Aachen
Kennwerte und Leistungsbedarf für Werkzeugmaschinengetriebe
1958. 57 Seiten, 35 Abb. DM 17,20

HEFT 506
Oberbaurat Prof. Dr.-Ing. Walther Meyer zur Capellen, Aachen
Der Flächeninhalt von Koppelkurven. Ein Beitrag zu ihrem Formenwandel
1958. 74 Seiten, 26 Abb. DM 21,50

HEFT 533
Prof. Dr.-Ing. Herwart Opitz und Dipl.-Ing. Wolfgang Hölken, Laboratorium für Werkzeugmaschinen und Betriebslehre der Rhein.-Westf. Technischen Hochschule Aachen
Untersuchung von Ratterschwingungen an Drehbänken
1958. 69 Seiten, 44 Abb., 2 Tabellen. DM 19,70

HEFT 606
Oberbaurat Prof. Dr.-Ing. Walther Meyer zur Capellen, Aachen
Eine Getriebegruppe mit stationärem Geschwindigkeitsverlauf
1958. 33 Seiten, 21 Abb. DM 10,50

HEFT 631
Dr. Erich Wedekind, Krefeld
Der Einfluß der Automatisierung auf die Struktur der Maschinen- und Arbeiterzeiten am mehrstelligen Arbeitsplatz in der Textilindustrie
1958. 71 Seiten, 32 Abb., 8 Tabellen. DM 21,10

HEFT 667
Prof. Dr.-Ing. Herwart Opitz und Dipl.-Ing. Herbert de Jong, Laboratorium für Werkzeugmaschinen und Betriebslehre der Rhein.-Westf. Technischen Hochschule Aachen
Schwingungs- und Geräuschuntersuchung an ortsfesten Getrieben
1959. 32 Seiten, 28 Abb., 2 Tabellen. DM 10,30

HEFT 668
Prof. Dr.-Ing. Herwart Opitz, Dipl.-Ing. Günter Ostermann und Dipl.-Ing. Max Gappisch, Laboratorium für Werkzeugmaschinen und Betriebslehre der Rhein.-Westf. Technischen Hochschule Aachen
Beobachtungen über den Verschleiß an Hartmetallwerkzeugen
1958. 38 Seiten, 26 Abb. DM 12,—

HEFT 669
Prof. Dr.-Ing. Herwart Opitz, Dipl.-Ing. Hans Uhrmeister und Dipl.-Ing. Klaus Jüstel, Laboratorium für Werkzeugmaschinen und Betriebslehre der Rhein.-Westf. Technischen Hochschule Aachen
Aufbau und Wirkungsweise einer Magnetbandsteuerung
1958. 50 Seiten, 39 Abb. DM 15,—

HEFT 670
Prof. Dr.-Ing. Herwart Opitz und Dipl.-Ing. Wolfgang Backé, Laboratorium für Werkzeugmaschinen und Betriebslehre der Rhein.-Westf. Technischen Hochschule Aachen
Untersuchung von Kopiersteuerungen
1959. 69 Seiten, 54 Abb. DM 18,80

HEFT 671
Prof. Dr.-Ing. Herwart Opitz, Dr.-Ing. Rolf Piekenbrink und Dipl.-Ing. Kurt Honrath, Laboratorium für Werkzeugmaschinen und Betriebslehre der Rhein.-Westf. Technischen Hochschule Aachen
Untersuchungen an Werkzeugmaschinenelementen
1959. 69 Seiten, 71 Abb. DM 20,—

HEFT 672
Prof. Dr.-Ing. Herwart Opitz, Dipl.-Ing. Heinrich Heiermann und Dipl.-Ing. Bernhard Rupprecht, Laboratorium für Werkzeugmaschinen und Betriebslehre der Rhein.-Westf. Technischen Hochschule Aachen
Untersuchungen beim Innenrundschleifen
1959. 34 Seiten, 50 Abb. DM 11,50

HEFT 673
Prof. Dr.-Ing. Herwart Opitz, Dipl.-Ing. Hans Obrig und Dipl.-Ing. Karlheinz Ganser, Laboratorium für Werkzeugmaschinen und Betriebslehre der Rhein.-Westf. Technischen Hochschule Aachen
Die Bearbeitung von Werkzeugstoffen durch funkenerosives Senken
1959. 59 Seiten, 41 Abb., 1 Tabelle. DM 18,—

HEFT 676
Prof. Dr.-Ing. Walther Meyer zur Capellen, Aachen
Harmonische Analyse bei Kurbeltrieben.
I. Allgemeine Zusammenhänge
1959. 38 Seiten, 10 Abb. DM 11,50

HEFT 695
Dr.-Ing. Walter Herding, München
Die Fahrdynamik und das Arbeitsspiel gleisloser Erdbaugeräte als Kalkulationsgrundlage für die Bodenförderung und ihre Kosten
1960. 178 Seiten, 89 Abb., 18 Tabellen. DM 49,—

HEFT 718
Prof. Dr.-Ing. Walther Meyer zur Capellen, Lehrstuhl für Getriebelehre der Rhein.-Westf. Technischen Hochschule Aachen
Die geschränkte Kurbelschleife
I. Die Bewegungsverhältnisse
1959. 109 Seiten, 54 Abb. DM 29,20

HEFT 764
Prof. Dr.-Ing. Herwart Opitz, Dr.-Ing. Henning Siebel und Dipl.-Ing. Reinhard Fleck, Laboratorium für Werkzeugmaschinen und Betriebslehre der Rhein.-Westf. Technischen Hochschule Aachen
Keramische Schneidstoffe
1959. 30 Seiten, 18 Abb. DM 9,80

HEFT 772
Prof. Dr.-Ing. Walther Meyer zur Capellen, Lehrstuhl für Getriebelehre der Rhein.-Westf. Technischen Hochschule Aachen
Nomogramme zur geneigten Sinuslinie
1959. 27 Seiten, 11 Abb. DM 8,50

HEFT 775
Prof. Dr.-Ing. Herwart Opitz und Dr.-Ing. Janez Peklenik, Laboratorium für Werkzeugmaschinen und Betriebslehre der Rhein.-Westf. Technischen Hochschule Aachen
Über den Aufbau und das Verhalten meßgesteuerter Werkzeugmaschinen
1959. 37 Seiten, 27 Abb. DM 11,40

HEFT 777
Prof. Dr.-Ing. Herwart Opitz und Dipl.-Ing. Paul-Heinz Brammertz, Laboratorium für Werkzeugmaschinen und Betriebslehre der Rhein.-Westf. Technischen Hochschule Aachen
Werkstückgüte und Fertigkeitskosten beim Innen-Feindrehen und Außenrund-Einstechschleifen
1959. 91 Seiten, 68 Abb. DM 25,30

HEFT 788

Prof. Dr.-Ing. Herwart Opitz, Laboratorium für Werkzeugmaschinen und Betriebslehre der Rhein.-Westf. Technischen Hochschule Aachen

Der Einsatz radioaktiver Isotope bei Zerspanungsuntersuchungen

1959. 35 Seiten, 23 Abb. DM 11,30

HEFT 794

Dipl.-Ing. Reinhard Wilken, Forschungsstelle Blechverarbeitung am Institut für Werkzeugmaschinen und Umformtechnik der Technischen Hochschule Hannover

Das Biegen von Innenborden mit Stempeln

1959. 80 Seiten. DM 22,40

HEFT 801

Baurat Dipl.-Ing. Waldemar Gesell, Staatliche Ingenieurschule für Maschinenwesen, Duisburg

Ersatz von Quarzsand als Strahlmittel

1960. 66 Seiten, 12 Abb., 4 Tabellen, 17 Diagramme. DM 18,90

HEFT 803

Prof. Dr.-Ing. Walther Meyer zur Capellen und Dipl.-Ing. Erich Lenk, Lehrstuhl für Getriebelehre der Rhein.-Westf. Technischen Hochschule Aachen

Harmonische Analyse bei Kurbeltrieben II. Gleichschenklige Getriebe

1960. 69 Seiten, 15 Abb. DM 18,40

HEFT 804

Prof. Dr.-Ing. Walther Meyer zur Capellen und Dipl.-Ing. Walter Rath, Lehrstuhl für Getriebelehre der Rhein.-Westf. Technischen Hochschule Aachen

Die geschränkte Kurbelschleife II. Die Harmonische Analyse

1960. 66 Seiten, 14 Abb. DM 18,90

HEFT 806

Prof. Dr.-Ing. Herwart Opitz und Dr.-Ing. Rolf Piekenbrink, Laboratorium für Werkzeugmaschinen und Betriebslehre der Rhein.-Westf. Technischen Hochschule Aachen

Untersuchungen an Zahnradbearbeitungsmaschinen

1960. 95 Seiten, 81 Abb. DM 29,30

HEFT 809

Prof. Dr.-Ing. Herwart Opitz und Dipl.-Ing. H. H. Herold, Laboratorium für Werkzeugmaschinen und Betriebslehre der Rhein.-Westf. Technischen Hochschule Aachen

Untersuchung von elektro-mechanischen Schaltelementen

1960. 35 Seiten, 16 Abb. DM 11,—

HEFT 810

Prof. Dr.-Ing. Herwart Opitz und Dr.-Ing. Norbert Maas, Laboratorium für Werkzeugmaschinen und Betriebslehre der Rhein.-Westf. Technischen Hochschule Aachen

Das dynamische Verhalten von Lastschaltgetrieben

1960. 97 Seiten, 77 Abb. DM 29,50

HEFT 811

Prof. Dr.-Ing. Herwart Opitz, Dipl.-Ing Klaus Jüstel und Dipl.-Ing. H. Bürklin, Forschungsinstitut für Rationalisierung der Rhein.-Westf. Technischen Hochschule Aachen

Über Weggeber für automatisch gesteuerte Arbeitsmaschinen

1960. 93 Seiten, 79 Abb. Vergriffen

HEFT 820

Prof. Dr.-Ing. Herwart Opitz, Dipl.-Ing. Helmut Rohde und Dipl.-Ing. Wilfried König, Laboratorium für Werkzeugmaschinen und Betriebslehre der Rhein.-Westf. Technischen Hochschule Aachen

Untersuchungen der Spanformung durch Spanbrecher beim Drehen mit Hartmetallwerkzeugen

1960. 46 Seiten, 41 Abb., 4 Tabellen. DM 15,80

HEFT 830

Prof. Dr.-Ing. Herwart Opitz und Dipl.-Ing. Wolfgang Backé, Laboratorium für Werkzeugmaschinen und Betriebslehre der Rhein.-Westf. Technischen Hochschule Aachen

Automatisierung des Arbeitsablaufes in der spanabhebenden Fertigung. Untersuchung eines unstetigen Nachformsystems mit einem elektrohydraulischen Stellglied

1960. 43 Seiten, 39 Abb. DM 14,60

HEFT 831

Prof. Dr.-Ing. Herwart Opitz, Dr.-Ing. Hans-Günther Rohs und Dr.-Ing. Gottfried Stute, Laboratorium für Werkzeugmaschinen und Betriebslehre der Rhein.-Westf. Technischen Hochschule Aachen

Statistische Untersuchungen über die Ausnutzung von Werkzeugmaschinen in der Einzel- und Massenfertigung

1960. 38 Seiten, 32 Abb. DM 13,—

HEFT 835

Prof. Dr.-Ing. Walther Meyer zur Capellen, Lehrstuhl für Getriebelehre der Rhein.-Westf. Technischen Hochschule Aachen

Die harmonische Analyse von zykloidengesteuerten Schleifen

1961. 57 Seiten, 22 Abb. DM 20,90

HEFT 864

Prof. Dr.-Ing. Herwart Opitz und Dr.-Ing. Gottfried Stute, Laboratorium für Werkzeugmaschinen und Betriebslehre der Rhein.-Westf. Technischen Hochschule Aachen

Funkenarbeit und Bearbeitungsergebnis bei der funkenerosiven Bearbeitung

1960. 44 Seiten, 19 Abb. DM 13,60

HEFT 873

Prof. Dr.-Ing. Walther Meyer zur Capellen und Dipl.-Ing. Walter Rath, Lehrstuhl für Getriebelehre der Rhein.-Westf. Technischen Hochschule Aachen

Kinematik der sphärischen Schubkurbel

1960. 37 Seiten, 13 Abb. DM 11,20

HEFT 887

Baurat Dipl.-Ing. Waldemar Gesell, Staatliche Ingenieurschule für Maschinenwesen, Duisburg

Arbeiten mit Preß-Formmaschinen unter Normal-Bedingungen und bei hohen spezifischen Preßdrücken

1960. 140 Seiten, 108 Abb., 11 Tabellen. DM 42,—

HEFT 898

Prof. Dr.-Ing. Herwart Opitz und Herbert de Jong, Laboratorium für Werkzeugmaschinen und Betriebslehre der Rhein.-Westf. Technischen Hochschule Aachen

Untersuchung von Zahnradgetrieben und Zahnradbearbeitungsmaschinen in Zusammenarbeit mit der Industrie

1960. 58 Seiten, 52 Abb. DM 19,20

HEFT 900

Prof. Dr.-Ing. Herwart Opitz und Dr.-Ing. Johannes Bielefeld, Laboratorium für Werkzeugmaschinen und Betriebslehre der Rhein.-Westf. Technischen Hochschule Aachen

Modellversuche an Werkzeugmaschinenelementen

1960. 73 Seiten, 55 Abb. DM 21,—

HEFT 901

Prof. Dr.-Ing. Herwart Opitz, Dr.-Ing. Johannes Bielefeld und Dipl.-Ing. Werner Kalkert, Laboratorium für Werkzeugmaschinen und Betriebslehre der Rhein.-Westf. Technischen Hochschule Aachen

Lebensdauerprüfung von Zahnradgetrieben

1960. 54 Seiten, 46 Abb. DM 17,30

HEFT 908

Dr.-Ing. Wilhelm Dettmering, Institut für Turbomaschinen der Rhein.-Westf. Technischen Hochschule Aachen

Experimentelle Untersuchungen an einer axialen Turbinenstufe

1960. 180 Seiten, 116 Abb., 13 Tabellen. DM 50,80

HEFT 914

Baurat Dipl.-Ing. Waldemar Gesell, Staatliche Ingenieurschule für Maschinenwesen, Duisburg

Zu Fragen der Strahlmittelprüfung

1961. 188 Seiten, 78 Abb, 1 Tafel. DM 49,—

HEFT 923

Prof. Dr.-Ing. Walther Meyer zur Capellen und Dipl.-Ing. Karl-Albert Rischen, Lehrstuhl für Getriebelehre der Rhein.-Westf. Technischen Hochschule Aachen

Lagenzuordnungen an ebenen Viergelenkgetrieben in analytischer Darstellung. Eine Maßsynthese

1961. 83 Seiten, 29 Abb. DM 23,20

HEFT 928

Prof. Dr.-Ing. Herwart Opitz, Dipl.-Ing. Helmut Rohde und Dipl.-Ing. Wilfried König, Laboratorium für Werkzeugmaschinen und Betriebslehre der Rhein.-Westf. Technischen Hochschule Aachen

Untersuchung des Räumvorganges

1961. 115 Seiten, 90 Abb. DM 36,10

HEFT 929

Prof. Dr.-Ing. Herwart Opitz, Dr.-Ing. Henning Siebel, Dipl.-Ing. Reinhard Fleck und Dipl.-Ing. Franz Altdorf, Laboratorium für Werkzeugmaschinen und Betriebslehre der Rhein.-Westf. Technischen Hochschule Aachen

Richtwerte für das Fräsen von unlegierten und legierten Baustählen mit Hartmetall. - Teil III

1961. 64 Seiten, 57 Abb., 7 Tabellen. DM 21,30

HEFT 930

Prof. Dr.-Ing. Herwart Opitz und Dipl.-Ing. Rolf Umbach, Laboratorium für Werkzeugmaschinen und Betriebslehre der Rhein.-Westf. Technischen Hochschule Aachen

Modellversuch zur dynamischen Versteifung von Werkzeugmaschinen durch Ankopplung gedämpfter Hilfsmassensysteme

1961. 37 Seiten, 30 Abb. DM 13,30

HEFT 931

Dipl.-Ing. Hans-Günther Rachner, Institut für Maschinen-Gestaltung und Maschinen-Dynamik der Rhein.-Westf. Technischen Hochschule Aachen

Leiter: Prof. Dr.-Ing. K. Lürenbaum

Ein Beitrag zur Frage der Kettenradverzahnung

1961. 63 Seiten, 55 Abb., 2 Tabellen. DM 19,90

HEFT 943

Dipl.-Ing. Hans-Günther Rachner, Institut für Maschinen-Gestaltung und Maschinen-Dynamik der Rhein.-Westf. Technischen Hochschule Aachen

Leiter: Prof. Dr.-Ing. K. Lürenbaum

Die Drehschwingungen des Zweirad-Kettentriebes bei innerer Erregung

1961. 98 Seiten, 68 Abb. DM 30,—

HEFT 949

Prof. Dr.-Ing. Karl Leist †, Dipl.-Ing. Dieter Stojek und Dipl.-Ing. Manfred Pötke, Institut für Turbomaschinen der Rhein.-Westf. Technischen Hochschule Aachen

Verbesserung der Wirtschaftlichkeit von Gasturbinen durch Zwischenverbrennung innerhalb der Turbine und Versuche zu ihrer Verwirklichung

1961. 80 Seiten, 40 Abb. DM 30,10

HEFT 950

Prof. Dr.-Ing. Karl Leist † und Dipl.-Ing. Oswald Thun, Institut für Turbomaschinen der Rhein.-Westf. Technischen Hochschule Aachen

Strömungsmessungen zur Ermittlung von Brennkammer-Ausbrenngraden

1961. 66 Seiten, 33 Abb., 6 Tabellen. DM 19,90

HEFT 951

Prof. Dr.-Ing. Karl Leist † und Dipl.-Ing. Oswald Thun, Institut für Turbomaschinen der Rhein.-Westf. Technischen Hochschule Aachen

Meßmethode bei Brennkammeruntersuchungen zur Ermittlung des Ausbrenngrades

1961. 63 Seiten, 10 Abb., 2 Tabellen. DM 19,20

HEFT 953
Prof. Dr.-Ing. Karl Leist † und Dipl.-Ing. Heinrich Ostenrath, Institut für Turbomaschinen der Rhein.-Westf. Technischen Hochschule Aachen
Betriebsverhalten einer Versuchsturbine kleiner Leistung
1961. 43 Seiten, 35 Abb., 2 Anlagen. DM 15,30

HEFT 955
Prof. Dr.-Ing. Herwart Opitz und Dipl.-Ing. Hans Uhrmeister, Laboratorium für Werkzeugmaschinen und Betriebslehre der Rhein.-Westf. Technischen Hochschule Aachen
Die dynamischen Eigenschaften hydraulischer Vorschubmotoren für Werkzeugmaschinen
1961. 60 Seiten, 66 Abb. DM 20,—

HEFT 977
Dr.-Ing. Gottfried Kronenberger, Institut für Baumaschinen und Baubetrieb der Rhein.-Westf. Technischen Hochschule Aachen
Leiter: Prof. Dr. Georg Garbotz
Untersuchungen über die Verdichtungswirkung und das Arbeitsverhalten eines Einmassenrüttlers auf Schotter und Kiessand zur Ermittlung der maßgeblichen Einflußgrößen bei der Rüttelverdichtung
1961. 96 Seiten, 17 Tafeln, 7 Tabellen, 36 Abb. DM 27,70

HEFT 981
Dr.-Ing. Werner Wilhelm, Aerodynamisches Institut der Rhein.-Westf. Technischen Hochschule Aachen
Berechnung des Gaswechsels kurbelkastengespülter Zweitaktmotoren unter Berücksichtigung des Einflusses der Massenwirkung der strömenden Gassäule in den Spülkanälen
1961. 57 Seiten, 6 Abb., 10 Bilder. DM 19,20

HEFT 982
Dr.-Ing. Werner Wilhelm, Aerodynamisches Institut der Rhein.-Westf. Technischen Hochschule Aachen
Die Wirkung von Auspuffrohren mit Blenden am Rohrende sowie diffusorartiger Auspuffleistungen auf den Ladungswechsel einer Einzylinder-Zweitakt-Vergasermaschine mit Kurbelkastenspülpumpe
1961. 61 Seiten, 24 Abb., 1 Tabelle. DM 19,10

HEFT 983
Prof. Dr.-Ing. Paul Hadlatsch †, Aerodynamisches Institut der Rhein.-Westf. Technischen Hochschule Aachen
Berechnung der Druckwellen in Brennstoffeinspritzsystemen und in hydraulischen Ventilsteuerungen
1961. 107 Seiten, 31 Abb., 2 Tabellen. DM 33,90

HEFT 986
Dr.-Ing. Jameel Ahmad Khan, Aerodynamisches Institut der Rhein.-Westf. Technischen Hochschule Aachen
Untersuchungen zur instationären Strömung durch unstetige Querschnittsänderungen in Druckleitungen von Einspritzsystemen
1961. 76 Seiten., 47 Abb., 1 Tabelle. DM 28,60

HEFT 987
Dr.-Ing. Wilhelm Bosch, Aerodynamisches Institut der Rhein.-Westf. Technischen Hochschule Aachen
Untersuchungen zur instationären reibenden Strömung in Druckleitungen von Einspritzsystemen
1961. 55 Seiten, 37 Abb. DM 20,—

HEFT 988
Dr.-Ing. Werner Wilhelm und Dipl.-Ing. Rudolf Jürgler, Aerodynamisches Institut der Rhein.-Westf. Technischen Hochschule Aachen
Nichtstationäre, eindimensionale und reibungsfreie Gasströmung schwach kompressibler Medien in Rohren mit einigen unstetigen Querschnittsänderungen
1961. 69 Seiten, 17 Abb. DM 21,50

HEFT 989
Dr.-Ing. Werner Wilhelm, Aerodynamisches Institut der Rhein.-Westf. Technischen Hochschule Aachen
Einfluß der Spülkanalabmessungen auf den Ladungswechsel kurbelkastengespülter Zweitakt-Motoren
1961. 99 Seiten, 37 Abb., Tabellen. DM 35,30

HEFT 1006
Prof. Dr.-Ing. Walther Meyer zur Capellen und Mitarbeiter, Lehrstuhl für Getriebelehre der Rhein.-Westf. Technischen Hochschule Aachen
Bewegungsverhältnisse an gleichschenkligen Kurbeltrieben
1962. 72 Seiten, 49 Abb. DM 25,—

HEFT 1007
Prof. Dr.-Ing. Dr. h. c. Herwart Opitz und Dr.-Ing. Gottfried Stute, Laboratorium für Werkzeugmaschinen und Betriebslehre der Rhein.-Westf. Technischen Hochschule Aachen
Berechnung der Funkenarbeit aus den elektrischen Daten der Arbeitskreiselemente von Funkenerosionsmaschinen
1961. 43 Seiten, 9 Abb. DM 14,80

HEFT 1008
Prof. Dr.-Ing. Dr. h. c. Herwart Opitz und Dr.-Ing. Paul-Heinz Brammertz, Laboratorium für Werkzeugmaschinen und Betriebslehre der Rhein.-Westf. Technischen Hochschule Aachen
Untersuchung der Ursachen für Form- und Maßfehler bei der Feinbearbeitung
1961. 43 Seiten, 32 Abb. DM 15,20

HEFT 1011
Prof. Dr.-Ing. Dr. h. c. Herwart Opitz, Dr.-Ing. Günter Ostermann und Dipl.-Ing. Max Gappisch, Laboratorium für Werkzeugmaschinen und Betriebslehre der Rhein.-Westf. Technischen Hochschule Aachen
Untersuchung der Ursachen des Werkzeugverschleißes
1961. 63 Seiten, 37 Abb., 2 Tabellen. DM 23,90

HEFT 1015
Prof. Dr.-Ing. Walther Meyer zur Capellen, Lehrstuhl für Getriebelehre der Rhein.-Westf. Technischen Hochschule Aachen
Biegungs- und Lagerschwingungen in Kurbeltrieben
1962. 53 Seiten, 30 Abb., 2 Tabellen. DM 19,20

HEFT 1035
Dr.-Ing. Walter Rath, Lehrstuhl für Getriebelehre der Rhein.-Westf. Technischen Hochschule Aachen
Massenkräfte in den Lagern sphärischer Getriebe
1961. 81 Seiten, 40 Abb. DM 27,30

HEFT 1062
Dr.-Ing. Heinrich Pfeiffer, Aerodynamisches Institut der Rhein.-Westf. Technischen Hochschule Aachen
Leiter: Prof. Dr.-Ing. F. Seewald
Strömungsuntersuchungen an Kreiszylindern bei hohen Geschwindigkeiten
1962. 73 Seiten, 53 Abb. DM 26,—

HEFT 1065
Baurat Dipl.-Ing. Waldemar Gesell, Staatliche Ingenieurschule für Maschinenwesen, Duisburg
Beitrag über den Einfluß von Kornform und Körnung auf die Wirkungsweise von Strahlmitteln
1962. 212 Seiten, 116 Abb., 21 Tabellen. DM 49,—

HEFT 1066
Prof. Dr.-Ing. Walther Meyer zur Capellen und Dipl.-Ing. Karl-Albert Rischen, Lehrstuhl für Getriebelehre der Rhein.-Westf. Technischen Hochschule Aachen
Symmetrische Koppelkurven und ihre Anwendung
1962. 90 Seiten, 50 Abb. DM 29,—

HEFT 1070
Prof. Dr.-Ing. Dr. h. c. Herwart Opitz und Dr.-Ing. Hans-Hermann Herold, Laboratorium für Werkzeugmaschinen und Betriebslehre der Rhein.-Westf. Technischen Hochschule Aachen
Elektromechanische Kopiersteuerungen
1962. 102 Seiten, 74 Abb. DM 33,90

HEFT 1080
Prof. Dr.-Ing. Ludolf Engel, Bergakademie Clausthal
Theorie der handgeführten schlagenden Druckluftwerkzeuge und experimentelle Untersuchungen insbesondere an Abbauhämmern im normalen und anormalen Betrieb
1962. 86 Seiten, 53 Abb., 4 Tabellen. DM 39,—

HEFT 1097
Prof. Dr.-Ing. Dr. h. c. Herwart Opitz und Dipl.-Ing. Reinhard Thämer, Laboratorium für Werkzeugmaschinen und Betriebslehre der Rhein.-Westf. Technischen Hochschule Aachen
Verschleiß- und Schnittkraftuntersuchungen bei der Zahnradbearbeitung
1962. 40 Seiten, 34 Abb. DM 22,50

HEFT 1127
Prof. Dr.-Ing. Karl Leist †, Dr.-Ing. Heinz J. Oellers, Institut für Turbomaschinen der Rhein.-Westf. Technischen Hochschule Aachen
Beitrag zur Berechnung der inkompressiblen Unterschallströmung in ebenen Profilgittern auf elektrischen Digitalrechnern
1963. 90 Seiten, 34 Abb. DM 85,50

HEFT 1128
Prof. Dr.-Ing. Karl Leist †, Institut für Turbomaschinen der Rhein.-Westf. Technischen Hochschule Aachen
Dipl.-Ing. Hans Georg Wiening, Institut für Luftstrahlantriebe der Deutschen Versuchsanstalt für Luft- und Raumfahrt e. V.
Enzyklopädische Abhandlung über ausgeführte Strahltriebwerke
1963. 463 Seiten, 255 Abb., Tabellarische Zusammenstellung der Strahltriebwerke. DM 247,—

HEFT 1135
Prof. Dr.-Ing. Walther Meyer zur Capellen, Lehrstuhl für Getriebelehre der Rhein.-Westf. Technischen Hochschule Aachen
Konstruktion ebener Kurventriebe und vergleichende Analyse ihrer Bewegungsgesetze
1963. 59 Seiten, 29 Abb., 10 Tafeln. DM 34,80

HEFT 1143
Dr.-Ing. Helmut Scheele, Institut für Turbomaschinen der Rhein.-Westf. Technischen Hochschule Aachen, Prof. Dr.-Ing. W. Dettmering
Entwicklung einer Versuchsgasturbine zur Messung der Läufertemperaturen im Betrieb
1963. 100 Seiten, 37 Abb., davon 2 auf Faltblättern, 7 Tabellen. DM 49,50

HEFT 1145
Prof. Dr.-Ing. Dr. h. c. Herwart Opitz, Dr.-Ing. Hans Wilhelm Obrig und Dr.-Ing. Karlheinz Ganser, Laboratorium für Werkzeugmaschinen und Betriebslehre der Rhein.-Westf. Technischen Hochschule Aachen
Funkenerosive Bearbeitung. Untersuchungen von Einflußgrößen bei der funkenerosiven Senkbearbeitung
1963. 70 Seiten, 58 Abb., 1 Tabelle. DM 38,50

HEFT 1146
Prof. Dr.-Ing. Dr. h. c. Herwart Opitz und Dipl.-Ing. Wilfried Lehwald, Laboratorium für Werkzeugmaschinen und Betriebslehre der Rhein.-Westf. Technischen Hochschule Aachen
Untersuchungen über den Einsatz von Hartmetallen beim Fräsen
1963. 73 Seiten, 69 Abb., 4 Tabellen. DM 44,—

HEFT 1147
Prof. Dr.-Ing. Dr. h. c. Herwart Opitz, Dr.-Ing. Paul Brammertz und Dipl.-Ing. Karl Friedrich Meyer, Laboratorium für Werkzeugmaschinen und Betriebslehre der Rhein.-Westf. Technischen Hochschule Aachen
Untersuchungen an keramischen Schneidstoffen
1963. 37 Seiten, 17 Abb., 5 Tabellen. DM 19,80

HEFT 1148
Prof. Dr.-Ing. Dr. h. c. Herwart Opitz und Dozent Dr.-Ing. Janez Peklenik, Laboratorium für Werkzeugmaschinen und Betriebslehre der Rhein.-Westf. Technischen Hochschule Aachen
Untersuchung an Meßsteuerungen
1963. 104 Seiten, 77 Abb., 6 Tabellen. DM 54,—

HEFT 1150
Prof. Dr.-Ing. Dr. h. c. Herwart Opitz, Dr.-Ing. Paul-Heinz Brammertz und Dr.-Ing. Ernst H. Kohlhage, Laboratorium für Werkzeugmaschinen und Betriebslehre der Rhein.-Westf. Technischen Hochschule Aachen
Untersuchungen zum Leistungsvergleich der Feinbearbeitungsverfahren
1963. 60 Seiten, 47 Abb. DM 31,20

HEFT 1182
Prof. Dr.-Ing. Alfred Kuhlenkamp und Dipl.-Ing. Ernst Reuter, Institut für Feinwerktechnik und Regelungstechnik der Technischen Hochschule Braunschweig
Entwicklung eines Drehmomenten-Meßgerätes
1963. 40 Seiten, 27 Abb. DM 18,90

HEFT 1226
Prof. Dr.-Ing. Walther Meyer zur Capellen und Dipl.-Ing. Bernd Janssen, Institut für Getriebelehre der Rhein.-Westf. Technischen Hochschule Aachen
Spezielle Koppelkurvenrast- und Schaltgetriebe
1964. 92 Seiten, 49 Abb., 3 Tabellen. DM 59,—

HEFT 1245
Prof. Dr.-Ing. Walther Meyer zur Capellen und Dipl.-Ing. Paul Danke, Lehrstuhl für Getriebelehre der Rhein.-Westf. Technischen Hochschule Aachen
Sechspunktige Kreisführungen durch das Gelenkviereck
1963. 48 Seiten, 31 Abb., 4 Tabellen. DM 35,—

HEFT 1246
Prof. Dr.-Ing. Dr. h. c. Herwart Opitz, Laboratorium für Werkzeugmaschinen und Betriebslehre der Rhein.-Westf. Technischen Hochschule Aachen
Über die dynamische Stabilität hydraulischer Steuerungen unter Berücksichtigung der Strömungskräfte
1964. 110 Seiten, 80 Abb. DM 66,—

HEFT 1292
Prof. Dr.-Ing. Dr. h. c. Herwart Opitz, Dozent Dr.-Ing. Janez Peklenik und Dr.-Ing. Klaus Brückner, Laboratorium für Werkzeugmaschinen und Betriebslehre der Rhein.-Westf. Technischen Hochschule Aachen
Untersuchung der Eigenschaften von Schleifkörpern und ihr Verhalten im Schleifvorgang
1964. 63 Seiten, 50 Abb., 14 Tabellen. DM 38,70

HEFT 1296
Prof. Dr. Georg Garbotz und Prof. Dr.-Ing. Sedad Ersoy, Institut für Baumaschinen und Baubetrieb der Rhein.-Westf. Technischen Hochschule Aachen
Untersuchungen über die Verdichtungswirkung von Tauchrüttlern
1964. 113 Seiten, 60 Abb., 17 Tabellen. DM 68,—

HEFT 1302
Prof. Dr.-Ing. Walther Meyer zur Capellen und Dr.-Ing. Erich Lenk, Lehrstuhl für Getriebelehre der Rhein.-Westf. Technischen Hochschule Aachen
Tafeln zur harmonischen Analyse der Bewegungen viergliedriger Gelenkgetriebe
1964. 153 Seiten, 16 Abb. DM 96,—

HEFT 1304
Prof. Dr.-Ing. Dr. h. c. Herwart Opitz und Dr.-Ing. Herbert de Jong, Laboratorium für Werkzeugmaschinen und Betriebslehre der Rhein.-Westf. Technischen Hochschule Aachen
Der Einfluß der Wälzgenauigkeit von Verzahnmaschinen auf die Fertigungsgenauigkeit und das Laufverhalten von Stirnradgetrieben
1964. 61 Seiten, 50 Abb. DM 39,50

HEFT 1309
Oberbaurat Dipl.-Ing. Waldemar Gesell, Staatliche Ingenieurschule für Maschinenwesen, Duisburg
Beitrag zur Arbeitsweise von Sandslingern
1964. 144 Seiten, 83 Abb., 10 Tabellen. DM 71,50

HEFT 1331
Prof. Dr.-Ing. Dr. h. c. Herwart Opitz, Dipl.-Ing. Dietrich Günther, Dipl.-Ing. Martin Hoffmann und Dipl.-Ing. Heinz Schlotterbeck, Laboratorium für Werkzeugmaschinen und Betriebslehre der Rhein.-Westf. Technischen Hochschule Aachen
Untersuchungen an Werkzeugmaschinenspindeln, Wälzlagern und hydrostatischen Lagerungen
1964. 67 Seiten, 56 Abb. DM 41,—

HEFT 1356
Prof. Dr.-Ing. Dr. h. c. Herwart Opitz, Dr.-Ing. Wilfried König und Dipl.-Ing. Manfred Schütte, Laboratorium für Werkzeugmaschinen und Betriebslehre der Rhein.-Westf. Technischen Hochschule Aachen
Einfluß des Werkstoffes und der Werkstoffvorbehandlung auf die Oberflächengüten beim Räumen
1964. 61 Seiten, 22 Abb., zahlr. Diagramme. DM 45,50

HEFT 1357
Prof. Dr.-Ing. Dr. h. c. Herwart Opitz, Dr.-Ing. R. Umbach und Dipl.-Ing. W. Dreyer, Laboratorium für Werkzeugmaschinen und Betriebslehre der Rhein.-Westf. Technischen Hochschule Aachen
Dynamische Versteifung von Werkzeugmaschinen durch gedämpfte Hilfsmassensysteme
In Vorbereitung

Heft 1388
Prof. Dr.-Ing. Dr. h. c. Herwart Opitz und Dipl.-Ing. Karl Schwiegelshohn, Laboratorium für Werkzeugmaschinen und Betriebslehre der Rhein.-Westf. Technischen Hochschule Aachen
Entwicklung seismischer Drehfehlermeßgeräte mit niedrigen Eigenfrequenzen für die Verzahntechnik

HEFT 1394
Prof. Dr.-Ing. Walther Meyer zur Capellen und Dipl.-Ing. H. Houben, Institut für Getriebelehre der Rhein.-Westf. Technischen Hochschule Aachen
Untersuchungen über elastische Schwingungen in periodischen Getrieben

HEFT 1405
Prof. Dr.-Ing. Dr. h. c. Herwart Opitz und Dr.-Ing. Max Gappich, Laboratorium für Werkzeugmaschinen und Betriebslehre der Rhein.-Westf. Technischen Hochschule Aachen
Die Aufbauschneidenbildung bei der spanabhebenden Bearbeitung

HEFT 1406
Prof. Dr.-Ing. Dr. h. c. Herwart Opitz, Dr.-Ing. Ernst Kohlhage und Dipl.-Ing. A. Ledergerber, Laboratorium für Werkzeugmaschinen und Betriebslehre der Rhein.-Westf. Technischen Hochschule Aachen
Untersuchungen der Ursachen für Form und Maßfehler bei der Feinbearbeitung
In Vorbereitung

HEFT 1409
Prof. Dr.-Ing. Walther Meyer zur Capellen, Institut für Getriebelehre der Rhein.-Westf. Technischen Hochschule Aachen
Analytische Darstellung symmetrischer Koppelkurven

HEFT 1429
Prof. Dr.-Ing. Walther Meyer zur Capellen und Dipl.-Ing. H. Houben, Institut für Getriebelehre der Rhein.-Westf. Technischen Hochschule Aachen
Torsionsschwingungen im An- und Abtrieb von Viergelenkgetrieben
In Vorbereitung

HEFT 1450
Dipl.-Ing. Hartmut Rosenberg, Aerodynamisches Institut der Rhein.-Westf. Technischen Hochschule Aachen
Instationäre Strömungsvorgänge in Leitungssystemen mit flexibel-elastischen Rohrwänden

HEFT 1476
Prof. Dr.-Ing. Dr. h. c. Herwart Opitz und Dr.-Ing. Werner Kalkert, Laboratorium für Werkzeugmaschinen und Betriebslehre der Rhein.-Westf. Technischen Hochschule Aachen
Der Einfluß der Fertigungsgenauigkeit und der Schmierfilmausbildung auf die Flankentragfähigkeit ungehärteter Stirnräder
In Vorbereitung

HEFT 1478
Dr.-Ing. Siegfried Förster, Institut für Strahlantriebe und Turboarbeitsmaschinen der Rhein.-Westf. Technischen Hochschule Aachen. Direktor: Prof. Dr.-Ing. W. Dettmering
Pneumatisches Verfahren zur Messung hoher und zeitlich schnell veränderlicher Gastemperaturen
In Vorbereitung

HEFT 1497
Prof. Dr.-Ing. Dr. h. c. Herwart Opitz, Dr.-Ing. F. Hensen und Dipl.-Ing. D. Domrös, Laboratorium für Werkzeugmaschinen und Betriebslehre der Rhein.-Westf. Technischen Hochschule Aachen
Verschleißuntersuchungen an Werkzeugmaschinen-Führungen unter besonderer Berücksichtigung des Freßverschleißes
In Vorbereitung

WESTDEUTSCHER VERLAG · KÖLN UND OPLADEN
567 Opladen/Rhld., Ophovener Straße 1-3

GPSR Compliance

The European Union's (EU) General Product Safety Regulation (GPSR) is a set of rules that requires consumer products to be safe and our obligations to ensure this.

If you have any concerns about our products, you can contact us on ProductSafety@springernature.com

In case Publisher is established outside the EU, the EU authorized representative is:

Springer Nature Customer Service Center GmbH
Europaplatz 3
69115 Heidelberg, Germany

Batch number: 10584556

Printed by Printforce, the Netherlands